天津市房屋修缮工程预算基价

通风空调工程

DBD 29-703-2020

天津市住房和城乡建设委员会
天 津 市 建 筑 市 场 服 务 中 心　主编

中 国 计 划 出 版 社

图书在版编目（CIP）数据

天津市房屋修缮工程预算基价. 通风空调工程 / 天津市建筑市场服务中心主编. -- 北京 : 中国计划出版社, 2021.10
ISBN 978-7-5182-1282-8

Ⅰ. ①天… Ⅱ. ①天… Ⅲ. ①通风设备一修缮加固一建筑预算定额一天津②空气调节设备一修缮加固一建筑预算定额一天津 Ⅳ. ①TU723.34

中国版本图书馆CIP数据核字(2021)第060048号

天津市房屋修缮工程预算基价
通风空调工程
DBD 29-703-2020
天津市住房和城乡建设委员会
天津市建筑市场服务中心　主编

中国计划出版社出版发行
网址：www.jhpress.com
地址：北京市西城区木樨地北里甲 11 号国宏大厦 C 座 3 层
邮政编码：100038　电话：(010)63906433(发行部)
三河富华印刷包装有限公司印刷

850mm × 1168mm　横 1/16　10.25 印张　304 千字
2021 年 10 月第 1 版　2021 年 10 月第 1 次印刷
印数 1—1000 册

ISBN 978-7-5182-1282-8
定价：80.00 元

天津市住房和城乡建设委员会

津住建建市函〔2020〕30号

市住房城乡建设委关于发布2020《天津市建设工程计价办法》和天津市各专业工程预算基价的通知

各区住建委，各有关单位：

根据《天津市建筑市场管理条例》和《建设工程工程量清单计价规范》，在有关部门的配合和支持下，我委组织编制了2020《天津市建设工程计价办法》和《天津市建筑工程预算基价》、《天津市装饰装修工程预算基价》、《天津市安装工程预算基价》、《天津市市政工程预算基价》、《天津市仿古建筑及园林工程预算基价》、《天津市房屋修缮工程预算基价》、《天津市人防工程预算基价》、《天津市给水及燃气管道工程预算基价》、《天津市地铁及隧道工程预算基价》以及与其配套的各专业工程量清单计价指引和计价软件，现予以发布，自2020年4月1日起施行。2016《天津市建设工程计价办法》和天津市各专业工程预算基价同时废止。

特此通知。

2020年3月10日

主编部门：天津市建筑市场服务中心
主编单位：天津市房屋安全鉴定检测中心（天津市房屋修缮工程定额管理中心）
批准部门：天津市住房和城乡建设委员会

专 家 组：杨树海　宁培雄　兰明秀　李庆河　陈友林　袁守恒　马培祥　沈　萍　王海娜　潘　昕　程春爱　焦　进
杨连仓　周志良　张宇明　施水明　李春林　邵玉霞　柳向辉　张小红　聂　帆　徐　敏　李文同

综 合 组：高　迎　赵　斌　袁永生　姜学立　顾雪峰　陈召忠　沙佩泉　张绪明　杨　军　邢玉军　戴全才

编制人员：张学军　赵　亿　于　鹏　顾雪峰　马新颖　孙　雁　吴　琼　布　超　于晓红

费 用 组：邢玉军　张绪明　关　彬　于会逢　崔文琴　张依琛　许宝林　苗　旺

电 算 组：张绪明　于　堃　张　桐　苗　旺

审　　定：杨瑞凡　华晓蕾　翟国利　黄　斌

发　　行：倪效聃　贾　羽

总 说 明

一、天津市房屋修缮工程预算基价（以下简称“本基价”）是根据国家和本市有关法规、标准、规范等相关依据，按正常的施工工期和生产条件，考虑常规的施工工艺、合理的施工组织设计，结合本市实际编制的。本基价是完成单位合格产品所需人工、材料、机械台班及相应费用的基本标准，反映了社会平均水平。

二、本基价适用于天津市行政区域内已使用建筑物及其附属设备的修缮、翻建、房屋加固、改造、装饰装修工程以及随同房屋修缮工程施工的零星（300m² 以内）添建工程。

三、本基价是编制估算指标、概算定额和初步设计概算、施工图预算、竣工结算、招标控制价的基础，是建设项目投标报价的参考。

四、本基价各子目的预算基价由人工费、材料费和机械费组成。基价中的工作内容为主要施工工序，次要施工工序虽未做说明，但基价中已考虑。

五、本基价适用于采用一般计税方法计取增值税的安装工程，各子目中的材料和机械费为不含税的基期价格。

六、本基价人工费的规定和说明。

1. 人工消耗量是以现行《建设工程劳动定额》《房屋修缮工程消耗量定额》和《通用安装工程消耗量定额》为基础，结合本市实际确定，包括了施工操作的基本用工、辅助用工、材料在施工现场超运距用工及人工幅度差。人工效率按 8 小时工作制考虑。

2. 人工单价是根据《中华人民共和国劳动法》的有关规定，参照编制期天津市建筑市场劳动力价格水平综合测算的。按技术含量分为三类：一类工每工日 153 元，二类工每工日 135 元，三类工每工日 113 元。

3. 人工费是支付给从事建筑安装工程施工的生产工人和附属生产单位工人的各项费用以及生产工具用具使用费，其中包括按照国家和本市有关规定，职工个人缴纳的养老保险、失业保险、医疗保险及住房公积金。

七、本基价材料费的规定和说明。

1. 材料包括主要材料和零星材料，主要材料为构成工程实体且能够计量的材料、成品、半成品，按品种、规格列出消耗量；零星材料为不构成工程实体且用量较小的材料，以“元”为单位列出。

2. 材料费包括主要材料费、零星材料费。

3. 材料消耗量均按合格的标准规格产品编制，包括正常施工消耗和材料从工地仓库、现场集中堆放或加工地点运至施工操作、安装地点的堆放和运输损耗及不可避免的施工操作损耗。

4. 当设计要求采用的材料、成品或半成品的品种、规格型号与基价中不同时，可按各章规定调整。

5. 材料价格按本基价编制期建筑市场材料价格综合取定，包括由材料供应地点运至工地仓库或施工现场堆放地点的费用和材料的采购及保管费。材料采购及保管费包括施工单位在组织采购、供应和保管材料过程中所需各项费用和工地仓库的储存损耗。

6. 工程建设中部分材料由建设单位供料，结算时退还建设单位所购材料的材料款（包括材料采购及保管费），材料单价以施工合同中约定的材料价格为准，材料数量按实际领用量确定。

7. 周转材料费中的周转材料按摊销量编制，且已包括回库维修等相关费用。

8. 本基价部分材料或成品、半成品的消耗量带有括号，并列于无括号材料消耗量之前，表示该材料未计价，基价总价未包括其价值，计价时应以括号中的消耗量乘以其价格，计入本基价的材料费和总价中；列于无括号材料消耗量之后，表示基价总价和材料费中已经包括了该材料的价值，括号内的材料不再计价。

9. 本基价的材料费未包括不容易计量的次要材料费，不容易计量的次要材料费按材料总价的 1% 计算，列入预算基价内。

八、本基价机械费的规定和说明。

1. 机械台班消耗量是按照正常的施工程序、合理的机械配置确定的。

2. 机械台班单价按照《建设工程施工机械台班费用编制规则》及《天津市施工机械台班参考基价》确定。

3. 本基价中型、小型机械费采取综合计费的方法计取，大型机械费根据施工需要，甲、乙双方协商认定，按实际发生计取。机械拆除按章说明执行。

4. 采用简易计税方法计取增值税时，本基价各子目中机械费按系数 1.0902 调整。

九、凡纳入重大风险源风险范围的分部分项工程均应按专家论证的专项方案另行计算相关费用。

十、本基价未包括施工用水、电费，施工用水、电费按实际发生计算。

十一、本基价凡注明“×× 以内”或“×× 以下”者，均包括 ×× 本身，注明“×× 以外”或“×× 以上”者，均不包括 ×× 本身。

十二、本基价材料、机械和构件的规格，用数值表示而未说明单位的，其计量单位为“mm”；工程量计算规则中，凡未说明计量单位的，按长度计算的以“m”为计量单位，按面积计算的以“m^2”为计量单位，按体积计算的以“m^3”为计量单位，按质量计算的以“kg”或“t”为计量单位。

目　　录

第五章　措 施 项 目

附　　录

册　说　明

一、本册基价包括拆除工程，通风空调设备及部件制作、安装，通风管道制作、安装，通风管道部件制作、安装，措施项目 5 章，共 453 条基价子目。

二、本册基价适用于一般工业厂房、公共建筑及民用建筑物拆除、翻修、大中修、改造，装饰装修工程的通风管道及部件、空调设备等拆除、维修、改装、安装工程。

三、人工基价：包括基本用工和其他用工，均以综合工日表现，除包括主要施工工序用工外，还包括施工前的准备工作、技术交底、清理布置施工现场及机具等和完工后的收尾工作、清理现场、整理码放材料设备及机具等。

四、材料：

1. 基价中的材料、设备均以国家合格产品为准，安装操作损耗包括在基价内，如利用旧材料、设备，需加工、修理时，按实计取费用。如果安装用材料与本册基价材料栏内所列材料的材质不符时，可以调整，但材料数量及人工不变。

2. 本册中的风管、风口、风帽、阀门、消声器等规格，除另有注明者外，均以风管（不包括法兰或外框）的直径、长边长或周长计算。

五、本册基价未包括未考虑大型机械费用，其费用如发生按实计取。

六、本册基价未包括工程用水、电的费用，其费用如发生按实计取。

七、本册基价中材料和机械的规格凡未注明计量单位者均为“mm”。

八、下列费用可按系数分别计取：

1. 系统调整费：按系统工程人工费的 7% 计取，其费用中人工费占 35%，包括漏风量测试和漏光法测试费用。

2. 脚手架搭拆费：按定额人工费的 4% 计算，其费用中人工费占 35%。

3. 操作高度增加费：本册基价的操作物高度是按距离楼地面 6m 考虑的。操作高度距离楼地面超过 6m 时，操作高度增加费按超过部分人工费乘以系数 0.20 计取，全部为人工费。

4. 建筑物超高增加费：指高度在 6 层或 20m 以上的工业与民用建筑物上进行安装时增加的费用（不包括地下室），按下表计算，其费用中人工费占 65%。

建筑物超高增加费表

建筑物檐高（m）	≤ 40	≤ 60	≤ 80	≤ 100	≤ 120	≤ 140	≤ 160	≤ 180	≤ 200
建筑层数（层）	≤ 12	≤ 18	≤ 24	≤ 30	≤ 36	≤ 42	≤ 48	≤ 54	≤ 60
按人工费的百分比（%）	2	5	9	14	20	26	32	38	44

九、本册基价所涉及的工程，单工种单项工程在 5 工日以内、多工种多项工程在 10 工日以内以分部分项工程费中的人工费、材料费、机械费合计为基数，乘以系数 1.07 计算。

十、通风空调中冷热源大型设备拆除与安装，冷却水、冷冻水管道拆除和安装、除锈刷油、凿洞钻孔剔槽等执行本基价《给排水及采暖工程》相应项目。

十一、通风空调设备及部件的电气接线执行本基价《电气工程》相应项目。

十二、本册基价中制作与安装的人工、材料、机械比例见下表。

制作与安装的人工、材料、机械比例表

序号	项目名称	制作(%)			安装(%)		
		人工	材料	机械	人工	材料	机械
1	空调部件及设备支架制作与安装	86	98	95	14	2	5
2	镀锌薄钢板法兰通风管道制作与安装	60	95	95	40	5	5
3	镀锌薄钢板共板法兰通风管道制作与安装	40	95	95	60	5	5
4	薄钢板法兰通风管道制作与安装	60	95	95	40	5	5
5	净化通风管道及部件制作与安装	40	85	95	60	15	5
6	不锈钢板通风管道及部件制作与安装	72	95	95	28	5	5
7	铝板通风管道及部件制作与安装	68	95	95	32	5	5
8	塑料通风管道及部件制作与安装	85	95	95	15	5	5
9	复合型风管制作与安装	60	—	99	40	100	1
10	风帽制作与安装	75	80	99	25	20	1
11	罩类制作与安装	78	98	95	22	2	5

十三、本册基价子目的工作内容除各章说明外，均包括材料、设备距施工现场中心 50m 以内的水平运输。

十四、本说明未尽者，以各章说明为准。

第一章　拆 除 工 程

说　明

一、本章包括通风空调设备及部件拆除、通风管道拆除、阀门拆除、风口拆除、风帽拆除、罩类拆除、消声设备拆除、挡烟垂壁拆除 8 节，共 115 条基价子目。

二、统一性规定及说明：

1. 通风管道拆除项目按直径划分圆形风管，按长边长划分矩形风管。

2. 风管拆除包括风管及相关管件，吊、托支架，阀门及保温层等拆除。

3. 保护性拆除指拆除后的主要材料或设备应进行重复使用或利用的拆除，执行相应子目乘以系数 1.30。

工程量计算规则

一、空调器拆除按实际数量计算，以“台”为计量单位。

二、多联体空调机室外机拆除依据制冷量，按实际数量计算，以“台”为计量单位。

三、风机盘管拆除按实际数量计算，以“台”为计量单位。

四、空气幕拆除按实际数量计算，以“台”为计量单位。

五、VAV 变风量末端装置按实际数量计算，以“台”为计量单位。

六、分段组装式空调器拆除按质量计算，以“kg”为计量单位。

七、通风机、风机箱拆除按实际数量计算，以“台”为计量单位。

八、设备支架拆除按质量计算，以“kg”为计量单位。

九、风管拆除按其展开面积计算，圆形风管按直径、方形风管按长边长不同，以“m^2”为单位计算，不扣除检查孔、测定孔、送风口、吸风口等所占面积；风管长度一律以设计图示中心线长度为准（主管与支管以其中心线交点划分），包括弯头、三通、变径管、天圆地方等管件的长度，但不包括部件所占的长度。咬口重叠部分已包括在项目内，不得另行增加。

十、通风管道拆除适用于无保温风管拆除和保温风管拆除（管道与保温层的整体拆除），如需剥离保温层可套用保温拆除子目。

十一、风口、阀门拆除均按其不同直径（圆形）或周长（矩形）计算，以“个”为单位计算。

十二、风帽拆除，区分材质不同以质量计算，以“kg”为计量单位。

十三、罩类拆除，区分材质不同以质量计算，以“kg”为计量单位。

十四、消声器拆除按其不同周长、型号，以“节”为单位计算。

十五、消声弯头拆除按其不同周长、型号，以“个”为单位计算。

十六、消声静压箱拆除按其不同展开面积，以“个”为单位计算。

十七、挡烟垂壁拆除，以“m^2”为单位计算。

十八、保温拆除，以“m^3”为单位计算。

第一节　通风空调设备及部件拆除

工作内容：包括拆除空调器及设备附件、托吊支架、清理拆除现场，运至指定的地点。

编　　号				1-001	1-002	1-003	1-004	1-005
项目名称				吊顶式、墙上式空调器拆除　质量(t)		落地式空调器拆除　质量(t)		
				0.15 以内	0.4 以内	1.0 以内	1.5 以内	2.0 以内
单　　位				台				
总价(元)				**87.14**	**92.51**	**665.87**	**846.00**	**1081.89**
其中	人工费(元)			86.90	92.21	665.46	845.47	1081.30
	材料费(元)			0.24	0.30	0.41	0.53	0.59
名　　称		单位	单价(元)	消　耗　量				
人工	综合工日	工日	113.00	0.769	0.816	5.889	7.482	9.569
材料	砂轮片(综合)	片	11.84	0.020	0.025	0.035	0.045	0.050

工作内容：包括拆除空调机组及设备附件、托吊支架、清理拆除现场，运至指定的地点。

编号				1-006	1-007	1-008	1-009
项目名称				组合式空调机组拆除 风量（m^3/h）			
				4000 以内	10000 以内	20000 以内	30000 以内
单位				台			
总价（元）				**206.75**	**376.81**	**644.97**	**1389.31**
其中	人工费（元）			206.45	376.40	644.44	1388.66
	材料费（元）			0.30	0.41	0.53	0.65
名称		单位	单价（元）	消耗量			
人工	综合工日	工日	113.00	1.827	3.331	5.703	12.289
材料	砂轮片（综合）	片	11.84	0.025	0.035	0.045	0.055

工作内容：包括拆除空调器及设备附件、托吊支架、清理拆除现场，运至指定的地点。

编　　号				1-010	1-011	1-012	1-013
项目名称				组合式空调机组拆除 风量（m^3/h）			
				40000 以内	60000 以内	80000 以内	100000 以内
单　　位				台			
总价（元）				**1961.15**	**3316.02**	**4643.22**	**5889.08**
其中	人工费（元）			1960.44	3315.19	4642.04	5887.30
	材料费（元）			0.71	0.83	1.18	1.78
名　　称		单位	单价（元）	消　耗　量			
人工	综合工日	工日	113.00	17.349	29.338	41.080	52.100
材料	砂轮片（综合）	片	11.84	0.060	0.070	0.100	0.150

工作内容：包括拆除多联机空调室外机及设备附件、托吊支架、清理拆除现场，运至指定的地点。

编号				1-014	1-015	1-016	1-017	1-018
项目名称				多联机空调室外机拆除 制冷量（kW）				
				30 以内	50 以内	90 以内	140 以内	200 以内
单位				台				
总价（元）				**190.37**	**323.09**	**484.34**	**726.56**	**886.74**
其中	人工费（元）			190.07	322.73	483.87	726.03	886.15
	材料费（元）			0.30	0.36	0.47	0.53	0.59
名称		单位	单价（元）	消耗量				
人工	综合工日	工日	113.00	1.682	2.856	4.282	6.425	7.842
材料	砂轮片（综合）	片	11.84	0.025	0.030	0.040	0.045	0.050

工作内容：包括拆除风机盘管及托吊支架、清理拆除现场，运至指定的地点。

编　号				1-019	1-020	1-021	1-022
项目名称				落地式风机盘管拆除	吊顶式风机盘管拆除	壁挂式风机盘管拆除	卡式嵌入式风机盘管拆除
单　位				台			
总价（元）				**35.04**	**94.65**	**51.26**	**104.37**
其中	人工费（元）			34.92	94.47	50.96	103.96
	材料费（元）			0.12	0.18	0.30	0.41
名　称		单位	单价（元）	消　耗　量			
人工	综合工日	工日	113.00	0.309	0.836	0.451	0.920
材料	砂轮片（综合）	片	11.84	0.010	0.015	0.025	0.035

工作内容：包括拆除空气幕及托吊支架，清理拆除现场，运至指定地点。

编　号				1-023	1-024	1-025
项目名称				空气幕拆除 质量(kg)		
				150 以内	200 以内	250 以内
单　位				台		
总价(元)				**130.36**	**141.21**	**146.41**
其中	人工费(元)			130.06	140.80	145.88
	材料费(元)			0.30	0.41	0.53
名　称		单位	单价(元)	消　耗　量		
人工	综合工日	工日	113.00	1.151	1.246	1.291
材料	砂轮片(综合)	片	11.84	0.025	0.035	0.045

工作内容:包括拆除 VAV 变风量末端装置、分段组装式空调器及托吊支架,清理拆除现场,运至指定地点。

编号				1-026	1-027
项目名称				VAV 变风量末端装置拆除	分段组装式空调器拆除
单位				台	100kg
总价(元)				**63.23**	**107.70**
其中	人工费(元)			63.05	107.46
	材料费(元)			0.18	0.24
名称		单位	单价(元)	消耗量	
人工	综合工日	工日	113.00	0.558	0.951
材料	砂轮片(综合)	片	11.84	0.015	0.020

工作内容：包括拆除滤水器、溢水盘及支吊架，清理拆除现场，运至指定地点。

编　号				1-028	1-029
项目名称				滤水器拆除	溢水盘拆除
单　位				100kg	
总价（元）				**748.81**	**625.64**
其中	人工费（元）			748.51	625.34
	材料费（元）			0.30	0.30
名　称		单位	单价（元）	消　耗　量	
人工	综合工日	工日	113.00	6.624	5.534
材料	砂轮片（综合）	片	11.84	0.025	0.025

工作内容：拆除软管接口、清理接口两侧及现场，运至指定地点。

编　　号				1-030	1-031	1-032	1-033	1-034	1-035
项目名称				离心通风机拆除 风量（m^3/h）					
				4500 以内	7000 以内	19300 以内	62000 以内	123000 以内	123000 以上
单　　位				台					
总价（元）				**37.36**	**148.72**	**324.05**	**675.13**	**1186.07**	**1665.43**
其中	人工费（元）			37.18	148.48	323.75	674.72	1185.48	1664.60
	材料费（元）			0.18	0.24	0.30	0.41	0.59	0.83
名　　称		单位	单价（元）	消　耗　量					
人工	综合工日	工日	113.00	0.329	1.314	2.865	5.971	10.491	14.731
材料	砂轮片（综合）	片	11.84	0.015	0.020	0.025	0.035	0.050	0.070

工作内容：拆除风机及设备附件、托吊支架，清理拆除现场，运至指定地点。

编　号				1-036	1-037	1-038	1-039	1-040	1-041
项目名称				轴流式、斜流式、混流式通风机及屋顶式通风机拆除 风量(m^3/h)					
				2760 以内	9100 以内	25000 以内	63000 以内	140000 以内	140000 以上
单　位				台					
总价(元)				**45.15**	**66.12**	**87.99**	**294.21**	**654.97**	**1008.34**
其中	人工费(元)			44.97	65.88	87.69	293.80	654.38	1007.51
	材料费(元)			0.18	0.24	0.30	0.41	0.59	0.83
名　称		单位	单价(元)	消　耗　量					
人工	综合工日	工日	113.00	0.398	0.583	0.776	2.600	5.791	8.916
材料	砂轮片(综合)	片	11.84	0.015	0.020	0.025	0.035	0.050	0.070

工作内容：拆除风机及设备附件、托吊支架，清理拆除现场，运至指定地点。

编号				1-042	1-043	1-044	1-045	1-046	1-047
项目名称				风机箱拆除 风量（m^3/h）					
				5000 以内	10000 以内	20000 以内	30000 以内	35000 以内	35000 以上
单位				台					
总价（元）				**125.90**	**142.85**	**249.92**	**391.68**	**549.36**	**735.76**
其中	人工费（元）			125.66	142.61	249.62	391.32	548.95	735.29
	材料费（元）			0.24	0.24	0.30	0.36	0.41	0.47
名称		单位	单价（元）	消耗量					
人工	综合工日	工日	113.00	1.112	1.262	2.209	3.463	4.858	6.507
材料	砂轮片（综合）	片	11.84	0.020	0.020	0.025	0.030	0.035	0.040

工作内容:拆除风机及设备附件、托吊支架,清理拆除现场,运至指定地点。

编　号				1-048
项目名称				卫生间通风器拆除
单　位				台
总价(元)				**7.82**
其中	人工费(元)			7.46
	材料费(元)			0.36
名　称		单位	单价(元)	消　耗　量
人工	综合工日	工日	113.00	0.066
材料	砂轮片(综合)	片	11.84	0.030

工作内容：拆除支架及固定螺栓等，清理拆除现场，运至指定地点。

编　号				1-049	1-050
项目名称				设备支架拆除	
				50kg 以内	50kg 以上
单　位				100kg	
总价（元）				**49.09**	**26.27**
其中	人工费（元）			47.91	25.09
	材料费（元）			1.18	1.18
名　称		单位	单价（元）	消　耗　量	
人工	综合工日	工日	113.00	0.424	0.222
材料	砂轮片（综合）	片	11.84	0.100	0.100

第二节　通风管道拆除

工作内容：拆除风管、管件、托吊支架、保温层，清理拆除现场，运至指定地点。

编　号				1-051	1-052	1-053	1-054
项目名称				镀锌薄钢板风管拆除（ $\delta \leqslant 1.2mm$ ）直径或长边长（mm）			
				320 以内	450 以内	1000 以内	1250 以内
单　位				$10m^2$			
总价（元）				**182.06**	**132.62**	**99.85**	**105.22**
其中	人工费（元）			181.82	132.32	99.44	104.75
	材料费（元）			0.24	0.30	0.41	0.47
名　称		单位	单价（元）	消　耗　量			
人工	综合工日	工日	113.00	1.609	1.171	0.880	0.927
材料	砂轮片（综合）	片	11.84	0.020	0.025	0.035	0.040

工作内容：拆除风管、管件、托吊支架、保温层，清理拆除现场，运至指定地点。

编　号				1-055	1-056	1-057	1-058	1-059	1-060
项目名称				镀锌薄钢管拆除（$\delta \leqslant 2mm$）直径或长边长（mm）					
				320 以内	450 以内	1000 以内	1250 以内	2000 以内	4000 以内
单　位				$10m^2$					
总价（元）				**369.98**	**243.25**	**171.94**	**166.58**	**150.65**	**127.62**
其中	人工费（元）			369.74	242.95	171.53	166.11	150.06	126.79
	材料费（元）			0.24	0.30	0.41	0.47	0.59	0.83
名　称		单位	单价（元）	消　耗　量					
人工	综合工日	工日	113.00	3.272	2.150	1.518	1.470	1.328	1.122
材料	砂轮片（综合）	片	11.84	0.020	0.025	0.035	0.040	0.050	0.070

工作内容：拆除风管、管件、托吊支架、保温层，清理拆除现场，运至指定地点。

编号				1-061	1-062	1-063	1-064	1-065
项目名称				镀锌薄钢管拆除（$\delta \leqslant 3mm$）直径或长边长（mm）				
				320 以内	450 以内	1000 以内	1250 以内	2000 以内
单位				$10m^2$				
总价（元）				**432.80**	**255.45**	**194.77**	**190.31**	**176.64**
其中	人工费（元）			432.56	255.15	194.36	189.84	176.05
	材料费（元）			0.24	0.30	0.41	0.47	0.59
名称		单位	单价（元）	消耗量				
人工	综合工日	工日	113.00	3.828	2.258	1.720	1.680	1.558
材料	砂轮片（综合）	片	11.84	0.020	0.025	0.035	0.040	0.050

工作内容：拆除风管、管件、托吊支架、保温层，清理拆除现场，运至指定地点。

编号				1-066	1-067	1-068	1-069	1-070
项目名称				铝板风管拆除 直径或长边长（mm）				
				200 以内	400 以内	560 以内	700 以内	700 以上
单位				$10m^2$				
总价（元）				**616.77**	**349.36**	**298.51**	**257.15**	**252.57**
其中	人工费（元）			616.53	349.06	298.21	256.74	252.10
	材料费（元）			0.24	0.30	0.30	0.41	0.47
名称		单位	单价（元）	消耗量				
人工	综合工日	工日	113.00	5.456	3.089	2.639	2.272	2.231
材料	砂轮片（综合）	片	11.84	0.020	0.025	0.025	0.035	0.040

工作内容:拆除风管、管件、托吊支架、保温层,清理拆除现场,运至指定地点。

编　　号				1-071	1-072	1-073	1-074
项目名称				玻璃钢风管拆除 直径或长边长(mm)			复合风管拆除
				200 以内	800 以内	2000 以内	
单　　位				10m^2			
总价(元)				**189.12**	**98.94**	**93.80**	**48.55**
其中	人工费(元)			188.94	98.76	93.56	48.25
	材料费(元)			0.18	0.18	0.24	0.30
名　　称		单位	单价(元)	消　耗　量			
人工	综合工日	工日	113.00	1.672	0.874	0.828	0.427
材料	砂轮片(综合)	片	11.84	0.015	0.015	0.020	0.025

工作内容：拆除风管、管件、托吊支架、保温层，清理拆除现场，运至指定地点。

编　号				1-075
项目名称				软管接口拆除
单　位				m^2
总价（元）				**36.05**
其中	人工费（元）			36.05
	材料费（元）			—
名　称		单位	单价（元）	消　耗　量
人工	综合工日	工日	113.00	0.319

第三节　阀 门 拆 除

工作内容：拆除阀门本体及附件，清理拆除现场，运至指定地点。

编　号				1-076	1-077	1-078	1-079	1-080
项目名称				圆形、矩形阀门拆除				
				周长（mm）				
				1000 以内	2400 以内	4000 以内	8000 以内	8000 以上
单　位				10 个				
总价（元）				**117.99**	**398.23**	**646.95**	**888.83**	**1313.77**
其中	人工费（元）			117.52	397.76	646.36	888.18	1313.06
	材料费（元）			0.47	0.47	0.59	0.65	0.71
名　称		单位	单价（元）	消　耗　量				
人工	综合工日	工日	113.00	1.040	3.520	5.720	7.860	11.620
材料	砂轮片（综合）	片	11.84	0.040	0.040	0.050	0.055	0.060

第四节 风口拆除

工作内容:拆除风口本体及附件,清理拆除现场,运至指定地点。

编号				1-081	1-082	1-083	1-084	1-085	1-086
项目名称				圆形风口拆除		方形、矩形风口拆除			
				直径(mm)		周长(mm)			
				300 以内	600 以内	2000 以内	3000 以内	4000 以内	4000 以上
单位				10 个					
总价(元)				**269.41**	**411.79**	**224.21**	**294.33**	**382.53**	**581.47**
其中	人工费(元)			268.94	411.32	223.74	293.80	381.94	580.82
	材料费(元)			0.47	0.47	0.47	0.53	0.59	0.65
名称		单位	单价(元)	消耗量					
人工	综合工日	工日	113.00	2.380	3.640	1.980	2.600	3.380	5.140
材料	砂轮片(综合)	片	11.84	0.040	0.040	0.040	0.045	0.050	0.055

第五节 风帽拆除

工作内容：拆除风帽本体及筝绳，清理拆除现场，运至指定地点。

编号					1-087	1-088	1-089	1-090	1-091
项目名称					碳钢风帽拆除 单个质量(kg)				
					10以内	25以内	50以内	100以内	100以上
单位					100kg				
总价(元)					**236.22**	**165.93**	**119.49**	**103.56**	**85.48**
其中	人工费(元)				235.27	164.98	118.54	102.49	84.41
	材料费(元)				0.95	0.95	0.95	1.07	1.07
名称		单位	单价(元)		消耗量				
人工	综合工日	工日	113.00		2.082	1.460	1.049	0.907	0.747
材料	砂轮片(综合)	片	11.84		0.080	0.080	0.080	0.090	0.090

工作内容：拆除风帽本体及筝绳，清理拆除现场，运至指定地点。

编　号				1-092	1-093
项目名称				铝板风帽拆除 单个质量（kg）	
				3 以内	3 以上
单　位				100kg	
总价（元）				**728.76**	**271.79**
其中	人工费（元）			728.17	271.20
	材料费（元）			0.59	0.59
名　称		单位	单价（元）	消　耗　量	
人工	综合工日	工日	113.00	6.444	2.400
材料	砂轮片（综合）	片	11.84	0.050	0.050

工作内容:拆除风帽本体及筝绳,清理拆除现场,运至指定地点。

编号				1-094	1-095	1-096	1-097
项目名称				玻璃钢风帽拆除 单个质量(kg)			
				10以内	25以内	50以内	50以上
单位				100kg			
总价(元)				**276.65**	**194.27**	**140.03**	**56.86**
其中	人工费(元)			276.29	193.91	139.67	56.50
	材料费(元)			0.36	0.36	0.36	0.36
名称		单位	单价(元)	消耗量			
人工	综合工日	工日	113.00	2.445	1.716	1.236	0.500
材料	砂轮片(综合)	片	11.84	0.030	0.030	0.030	0.030

第六节 罩类拆除

工作内容：拆除罩类及法兰等附件，清理拆除现场，运至指定地点。

编号				1–098	1–099
项目名称				钢板罩类拆除	塑料罩类拆除
单位				100kg	
总价（元）				**153.39**	**385.35**
其中	人工费（元）			152.21	384.99
	材料费（元）			1.18	0.36
名称		单位	单价（元）	消耗量	
人工	综合工日	工日	113.00	1.347	3.407
材料	砂轮片（综合）	片	11.84	0.100	0.030

第七节　消声设备拆除

工作内容：拆除消声器及托吊支架，清理拆除现场，运至指定地点。

编　　号				1-100	1-101	1-102	1-103	1-104	1-105
项目名称				消声器拆除 周长（mm）					
				1800 以内	2400 以内	3200 以内	4000 以内	5000 以内	5000 以上
单　　位				节					
总价（元）				**72.11**	**101.94**	**130.65**	**174.16**	**221.74**	**272.14**
其中	人工费（元）			71.64	101.47	130.06	173.57	221.03	271.43
	材料费（元）			0.47	0.47	0.59	0.59	0.71	0.71
名　　称		单位	单价（元）	消　耗　量					
人工	综合工日	工日	113.00	0.634	0.898	1.151	1.536	1.956	2.402
材料	砂轮片（综合）	片	11.84	0.040	0.040	0.050	0.050	0.060	0.060

工作内容：拆除消声弯头及托吊支架，清理拆除现场，运至指定地点。

编号					1-106	1-107	1-108	1-109	1-110
项目名称					消声弯头拆除 周长（mm）				
					1200 以内	2400 以内	4000 以内	6000 以内	6000 以上
单位					个				
总价（元）					**40.13**	**94.27**	**134.72**	**233.26**	**279.71**
其中	人工费（元）				39.66	93.68	134.13	232.55	279.00
	材料费（元）				0.47	0.59	0.59	0.71	0.71
名称			单位	单价（元）	消耗量				
人工	综合工日		工日	113.00	0.351	0.829	1.187	2.058	2.469
材料	砂轮片（综合）		片	11.84	0.040	0.050	0.050	0.060	0.060

工作内容：拆除消声静压箱及托吊支架，清理拆除现场，运至指定地点。

编　　号				1-111	1-112	1-113	1-114
项目名称				消声静压箱拆除 展开面积（m^2）			
				5 以内	10 以内	20 以内	50 以内
单　　位				个			
总价（元）				**153.82**	**169.21**	**197.95**	**259.67**
其中	人工费（元）			153.23	168.03	196.17	254.93
	材料费（元）			0.59	1.18	1.78	4.74
名　　称		单位	单价（元）	消　耗　量			
人工	综合工日	工日	113.00	1.356	1.487	1.736	2.256
材料	砂轮片（综合）	片	11.84	0.050	0.100	0.150	0.400

第八节　挡烟垂壁拆除

工作内容：拆除挡烟垂壁及附件，清理拆除现场，运至指定地点。

编　　号				1–115
项目名称				挡烟垂壁拆除
单　　位				$10m^2$
总价（元）				**168.65**
其中	人工费（元）			167.58
	材料费（元）			1.07
名　　称		单位	单价（元）	消　耗　量
人工	综合工日	工日	113.00	1.483
材料	砂轮片（综合）	片	11.84	0.090

第二章　通风空调设备及部件制作、安装

说　　明

一、本章包括通风机，空调器，多联机空调机室外机，风机盘管，空气幕，VAV 变风量末端装置、分段组装式空调器，过滤器、框架制作、安装，设备支架制作、安装，冷媒介质充注 9 节，共 69 条基价子目。

二、统一性规定及说明：

1. 多联机空调机室内机按安装方式执行风机盘管子目，应扣除膨胀螺栓。

2. 空气幕的支架制作与安装执行设备支架子目。

3. VAV 变风量末端装置适用于单风道变风量末端和双风道变风量末端装置，风机动力型变风量末端装置人工乘以系数 1.10。

4. 通风空调水系统与电气接线调试项目执行本基价《给排水及采暖工程》《电气工程》相应子目。

5. 通风机安装子目内包括电动机安装，其安装形式包括 A、B、C、D 等型，适用于碳钢、不锈钢、塑料通风机安装。

工程量计算规则

一、空调器安装按设计图示数量计算，以“台”为计量单位。

二、组合式空调机组安装依据设计风量，按设计图示数量计算，以“台”为计量单位。

三、多联机空调机室外机安装依据制冷量，按设计图示数量计算，以“台”为计量单位。

四、风机盘管安装按设计图示数量计算，以“台”为计量单位。

五、空气幕按设计图示数量计算，以“台”为计量单位。

六、VAV 变风量末端装置安装按设计图示数量计算，以“台”为计量单位。

七、分段组装式空调器安装按设计图示质量计算，以“kg”为计量单位。

八、高、中、低效过滤器安装按设计图示数量计算，以“台”为计量单位。

九、过滤器框架制作按设计图示尺寸以质量计算，以“kg”为计量单位。

十、通风机安装依据不同形式、规格按设计图示数量计算，以“台”为计量单位。风机箱安装按设计图示数量计算，以“台”为计量单位。

十一、设备支架制作与安装按设计图示尺寸以质量计算，以“kg”为计量单位。

十二、冷媒介质充注根据设备型号与重量按“台”计算，冷媒用量以实际发生为准。

第一节　通　风　机

工作内容：场内搬运，开箱检查设备、附件、底座螺栓，吊装、找平、加垫、灌浆、螺栓固定。

编　号				2–001	2–002	2–003	2–004	2–005	2–006
项目名称				离心式通风机安装 风量(m^3/h)					
				4500 以内	7000 以内	19300 以内	62000 以内	123000 以内	123000 以上
单　位				台					
总价(元)				123.42	450.75	942.67	1985.89	3447.43	4792.83
其中	人工费(元)			102.06	407.70	889.65	1853.69	3257.15	4573.67
	材料费(元)			21.36	43.05	49.03	128.21	184.51	210.73
	机械费(元)			—	—	3.99	3.99	5.77	8.43
名　称		单位	单价(元)	消　耗　量					
人工	综合工日	工日	135.00	0.756	3.020	6.590	13.731	24.127	33.879
材料	铸铁垫板	kg	4.35	3.900	3.900	5.200	21.600	28.800	28.800
	混凝土 C15	m^3	439.88	0.010	0.030	0.030	0.030	0.070	0.100
	黄干油	kg	15.77	—	0.400	0.400	0.500	0.700	1.000
	煤油	kg	7.49	—	0.750	0.750	1.500	2.000	3.000
	棉纱头	kg	16.11	—	0.060	0.080	0.120	0.150	0.200
机械	中小型机械费	元	—	—	—	3.99	3.99	5.77	8.43

工作内容：场内搬运，开箱检查设备、附件、底座螺栓，吊装，找平，找正，加垫，灌浆，螺栓固定。

编　号				2-007	2-008	2-009	2-010	2-011
项目名称				轴流式、斜流式、混流式通风机安装 风量(m^3/h)				
				8900 以内	25000 以内	63000 以内	140000 以内	140000 以上
单　位				台				
总价(元)				**185.44**	**249.10**	**824.49**	**1834.36**	**2820.60**
其中	人工费(元)			181.04	240.71	807.30	1797.80	2768.18
	材料费(元)			4.40	4.40	13.20	30.79	43.99
	机械费(元)			—	3.99	3.99	5.77	8.43
名　称		单位	单价(元)	消　耗　量				
人工	综合工日	工日	135.00	1.341	1.783	5.980	13.317	20.505
材料	混凝土 C15	m^3	439.88	0.010	0.010	0.030	0.070	0.100
机械	中小型机械费	元	—	—	3.99	3.99	5.77	8.43

工作内容：场内搬运，开箱检查设备、附件、底座螺栓，吊装，找平，找正，加垫，灌浆，螺栓固定，装梯子。

编 号				2-012	2-013	2-014
项目名称				屋顶式通风机安装 风量（m^3/h）		
				2760 以内	9100 以内	9100 以上
单 位				台		
总价（元）				**144.62**	**174.80**	**200.34**
其中	人工费（元）			123.26	149.04	166.19
	材料费（元）			21.36	25.76	30.16
	机械费（元）			—	—	3.99
名 称		单位	单价（元）	消 耗 量		
人工	综合工日	工日	135.00	0.913	1.104	1.231
材料	铸铁垫板	kg	4.35	3.900	3.900	3.900
	混凝土 C15	m^3	439.88	0.010	0.020	0.030
机械	中小型机械费	元	—	—	—	3.99

工作内容：场内搬运、开箱检查、找平、找正、安装固定。

编　　号				2-015
项目名称				卫生间通风器安装
单　　位				台
总价（元）				**25.00**
其中	人工费（元）			20.52
	材料费（元）			4.48
名　　称		单位	单价（元）	消　耗　量
人工	综合工日	工日	135.00	0.152
材料	打包铁卡子	10 个	11.20	0.400

工作内容：场内搬运、开箱、检查就位、安装、找正、找平、清理。

编　　号				2-016	2-017	2-018	2-019
项目名称				风机箱落地安装 风量（m^3/h）			
				5000 以内	10000 以内	20000 以内	30000 以内
单　　位				台			
总价（元）				**348.20**	**438.22**	**775.61**	**1122.86**
其中	人工费（元）			345.47	429.57	762.89	1104.30
	材料费（元）			2.73	4.66	8.73	12.79
	机械费（元）			—	3.99	3.99	5.77
名　　称		单位	单价（元）	消　耗　量			
人工	综合工日	工日	135.00	2.559	3.182	5.651	8.180
材料	煤油	kg	7.49	0.150	0.300	0.520	0.740
	棉纱头	kg	16.11	0.100	0.150	0.300	0.450
机械	中小型机械费	元	—	—	3.99	3.99	5.77

工作内容：场内搬运、侧位、校正、校平、安装、上螺栓、固定。

编号				2-020	2-021	2-022	2-023	2-024	2-025
项目名称				风机箱减振台座上安装 风量（m^3/h）					
				2000 以内	10000 以内	15000 以内	25000 以内	35000 以内	35000 以上
单位				台					
总价（元）				**206.43**	**573.20**	**865.79**	**1150.05**	**1659.64**	**2179.79**
其中	人工费（元）			197.78	538.65	812.43	1065.02	1507.82	2020.55
	材料费（元）			8.65	34.55	53.36	85.03	151.82	159.24
名称		单位	单价（元）	消耗量					
人工	综合工日	工日	135.00	1.465	3.990	6.018	7.889	11.169	14.967
材料	六角螺栓带螺母 M10×60	10 套	9.80	—	0.408	0.408	0.408	—	—
	六角螺栓带螺母 M10×（80~130）	10 套	10.40	0.832	—	—	—	0.208	0.208
	六角螺栓带螺母 M12×55	套	0.98	—	4.160	4.160	—	—	—
	六角螺栓带螺母 M16×80	套	4.15	—	—	—	4.080	—	—
	六角螺栓带螺母 M20×60	10 套	46.10	—	—	0.408	—	—	—
	六角螺栓带螺母 M24×80	10 套	46.10	—	—	—	0.816	0.408	—
	六角螺栓带螺母 M24×120	10 套	64.90	—	0.408	0.408	0.408	—	—
	六角螺栓带螺母 M30×120	10 套	106.90	—	—	—	—	1.224	1.224
	六角螺栓带螺母 M30×60 以下	10 套	64.30	—	—	—	—	—	0.408

工作内容：场内搬运、侧位、校正、校平、安装、上螺栓、固定。

编　号					2-026	2-027	2-028	2-029
项目名称					风机箱悬吊安装 风量（m^3/h）			
					5000 以内	10000 以内	20000 以内	30000 以内
单　位					台			
总价（元）					**461.46**	**549.19**	**956.51**	**1467.92**
其中	人工费（元）				458.73	540.54	943.79	1449.36
	材料费（元）				2.73	4.66	8.73	12.79
	机械费（元）				—	3.99	3.99	5.77
名　称		单位	单价（元）		消　耗　量			
人工	综合工日	工日	135.00		3.398	4.004	6.991	10.736
材料	煤油	kg	7.49		0.150	0.300	0.520	0.740
	棉纱头	kg	16.11		0.100	0.150	0.300	0.450
机械	中小型机械费	元	—		—	3.99	3.99	5.77

第二节　空　调　器

工作内容：场内搬运，开箱检查设备、附件、底座螺栓，吊装，找平，找正，加垫，灌浆，螺栓固定。

编　　号				2-030	2-031	2-032	2-033	2-034	2-035
项目名称				吊顶式空调器安装 质量（t）			落地式空调器安装 质量（t）		
				0.1 以内	0.2 以内	0.4 以内	1.0 以内	1.5 以内	2.0 以内
单　　位				台					
总价（元）				**227.38**	**245.20**	**264.91**	**1842.27**	**2338.11**	**2987.84**
其中	人工费（元）			215.33	233.15	252.86	1828.44	2322.95	2971.35
	材料费（元）			8.06	8.06	8.06	8.06	8.06	8.06
	机械费（元）			3.99	3.99	3.99	5.77	7.10	8.43
名　　称		单位	单价（元）	消　耗　量					
人工	综合工日	工日	135.00	1.595	1.727	1.873	13.544	17.207	22.010
材料	棉纱头	kg	16.11	0.500	0.500	0.500	0.500	0.500	0.500
机械	中小型机械费	元	—	3.99	3.99	3.99	5.77	7.10	8.43

工作内容：场内搬运，开箱检查设备、附件，安装膨胀螺栓，吊装，找平，找正，加垫，螺栓固定。

编号				2-036	2-037	2-038
项目名称				墙上式空调器安装 质量(t)		
				0.1 以内	0.15 以内	0.2 以内
单位				台		
总价(元)				**236.35**	**251.00**	**266.80**
其中	人工费(元)			228.29	238.95	254.75
	材料费(元)			8.06	8.06	8.06
	机械费(元)			—	3.99	3.99
名称		单位	单价(元)	消耗量		
人工	综合工日	工日	135.00	1.691	1.770	1.887
材料	棉纱头	kg	16.11	0.500	0.500	0.500
机械	中小型机械费	元	—	—	3.99	3.99

工作内容:场内搬运、开箱、检查设备及附件、就位、连接、上螺栓、找正、找平、固定、外表污物清理。

编号				2-039	2-040	2-041	2-042
项目名称				组合式空调机组安装 风量(m^3/h)			
				4000 以内	10000 以内	20000 以内	30000 以内
单位				台			
总价(元)				**638.70**	**1111.80**	**1923.02**	**3981.96**
其中	人工费(元)			567.41	1034.37	1770.80	3815.37
	材料费(元)			6.53	12.67	22.70	37.07
	机械费(元)			64.76	64.76	129.52	129.52
名称		单位	单价(元)	消耗量			
人工	综合工日	工日	135.00	4.203	7.662	13.117	28.262
材料	煤油	kg	7.49	0.420	0.810	1.460	2.390
	棉纱	kg	16.11	0.210	0.410	0.730	1.190
机械	中小型机械费	元	—	64.76	64.76	129.52	129.52

工作内容：场内搬运、开箱、检查设备及附件、就位、连接、上螺栓、找正、找平、固定、外表污物清理。

编号				2-043	2-044	2-045	2-046
项目名称				组合式空调机组安装 风量(m^3/h)			
				40000 以内	60000 以内	80000 以内	100000 以内
单位				台			
总价(元)				**5566.30**	**9351.16**	**13052.56**	**16503.88**
其中	人工费(元)			5387.04	9109.67	12755.34	16177.05
	材料费(元)			49.74	75.16	130.89	160.50
	机械费(元)			129.52	166.33	166.33	166.33
名称		单位	单价(元)	消耗量			
人工	综合工日	工日	135.00	39.904	67.479	94.484	119.830
材料	煤油	kg	7.49	3.200	4.830	8.420	10.330
	棉纱	kg	16.11	1.600	2.420	4.210	5.160
机械	中小型机械费	元	—	129.52	166.33	166.33	166.33

第三节　多联机空调机室外机

工作内容：场内搬运、开箱、检查、就位、找正、找平、固定、试运转。

编　号				2-047	2-048	2-049	2-050	2-051
项目名称				多联机空调机室外机 制冷量（kW）				
				30 以内	50 以内	90 以内	140 以内	200 以内
单　位				台				
总价（元）				**571.09**	**942.83**	**1408.08**	**2101.11**	**2569.32**
其中	人工费（元）			521.91	886.41	1329.62	1994.49	2435.00
	材料费（元）			45.19	52.43	74.47	100.85	127.22
	机械费（元）			3.99	3.99	3.99	5.77	7.10
名　称		单位	单价（元）	消　耗　量				
人工	综合工日	工日	135.00	3.866	6.566	9.849	14.774	18.037
材料	镀锌弹簧垫圈 M16	个	0.10	10.400	12.480	18.720	24.960	31.200
	镀锌垫圈 M16	个	0.17	20.800	24.960	37.440	49.920	62.400
	镀锌六角螺栓带螺母 M16×（85~100）	套	3.10	10.200	12.240	18.360	24.480	30.600
	煤油	kg	7.49	0.125	0.125	0.169	0.253	0.337
	棉纱	kg	16.11	0.500	0.500	0.500	0.750	1.000
机械	中小型机械费	元	—	3.99	3.99	3.99	5.77	7.10

第四节 风机盘管

工作内容：开箱检查设备、附件、底座螺栓，试压，打膨胀螺栓，制作与安装吊架，胀塞，上螺栓，吊装，找平，找正，加垫，螺栓固定。

编 号				2-052	2-053	2-054	2-055
项目名称				风机盘管安装			
				落地式	吊顶式	壁挂式	卡式嵌入式
单 位				台			
总价(元)				**125.56**	**321.34**	**163.98**	**340.52**
其中	人工费(元)			96.12	259.34	140.13	285.80
	材料费(元)			29.44	55.92	23.85	54.72
	机械费(元)			—	6.08	—	—
名 称		单位	单价(元)	消 耗 量			
人工	综合工日	工日	135.00	0.712	1.921	1.038	2.117
材料	角钢 50×5 以内	kg	3.75	—	2.918	—	2.918
	角钢 63mm 以内	kg	3.47	—	0.592	—	—
	圆钢 *D*10~14	kg	3.93	—	2.550	—	2.805
	膨胀螺栓 M10	10 套	15.30	0.416	0.416	—	0.416

编　号				2-052	2-053	2-054	2-055
项目名称				风机盘管安装			
				落地式	吊顶式	壁挂式	卡式嵌入式
单　位				台			
名　称		单位	单价（元）	消　耗　量			
材料	镀锌六角螺母 M10	10个	1.70	—	1.272	—	1.272
	镀锌弹簧垫圈 M10	个	0.09	—	4.240	—	4.240
	镀锌垫圈 M10	个	0.09	—	8.480	—	8.480
	塑料胀塞	个	0.38	—	—	4.160	—
	聚酯乙烯泡沫塑料	kg	10.96	0.100	0.100	0.100	0.100
	聚氯乙烯薄膜	kg	12.44	0.010	0.010	0.010	0.010
	煤油	kg	7.49	2.800	2.800	2.800	2.800
	棉纱	kg	16.11	0.050	0.050	—	0.050
	冲击钻头 D10~20	个	7.94	0.010	0.010	0.010	0.010
	尼龙砂轮片 $D500 \times 25 \times 4$	片	18.69	—	0.008	—	—
机械	中小型机械费	元	—	—	6.08	—	—

工作内容：找正、找平，制垫，灌浆，螺栓固定，吊架制作与安装，调试，调整。

编　　号				2-056
项目名称				小型诱导器安装 诱导风机
单　　位				台
总价（元）				**73.66**
其中	人工费（元）			42.80
	材料费（元）			30.86
名　　称		单位	单价（元）	消 耗 量
人工	综合工日	工日	135.00	0.317
材料	吊杆	kg	7.92	3.120
	膨胀螺栓 M10×80	套	1.53	4.020

第五节 空 气 幕

工作内容：场内搬运、开箱检查设备、吊装、找平、找正、固定。

编号				2-057	2-058	2-059
项目名称				空气幕 质量（kg）		
				150 以内	200 以内	250 以内
单位				台		
总价（元）				**400.73**	**435.15**	**452.16**
其中	人工费（元）			357.08	386.64	400.55
	材料费（元）			37.44	39.64	41.85
	机械费（元）			6.21	8.87	9.76
名称		单位	单价（元）	消耗量		
人工	综合工日	工日	135.00	2.645	2.864	2.967
材料	镀锌六角螺栓带螺母 2 弹垫 M12×（14~75）	套	0.77	10.300	10.300	10.300
	热轧薄钢板 δ0.7~0.9	kg	3.73	0.306	0.340	0.374
	镀锌钢丝 D2.8~4.0	kg	6.91	0.935	1.190	1.445
	煤油	kg	7.49	0.638	0.680	0.723
	棉纱	kg	16.11	1.063	1.063	1.063
机械	中小型机械费	元	—	6.21	8.87	9.76

第六节　VAV 变风量末端装置、分段组装式空调器

工作内容：场内搬运，开箱检查设备、附件、底座螺栓，吊装、找平、找正、螺栓固定。

编　　号				2–060	2–061
项目名称				VAV 变风量末端装置	分段组装式空调器安装
单　　位				台	100kg
总价（元）				**244.98**	**295.11**
其中	人工费（元）			173.48	295.11
	材料费（元）			71.50	—
名　　称		单位	单价（元）	消　耗　量	
人工	综合工日	工日	135.00	1.285	2.186
材料	圆钢（综合）	kg	3.88	1.660	—
	槽钢 5#~16#	kg	3.59	14.840	—
	棉纱	kg	16.11	0.050	—
	橡胶板 δ5~10	kg	10.66	0.290	—
	弹簧垫圈 M2~10	10 个	0.30	0.848	—
	垫圈 M2~8	10 个	0.30	0.848	—
	六角螺母 M8	10 个	1.20	0.848	—
	膨胀螺栓 M10	10 套	15.30	0.416	—

第七节　过滤器、框架制作、安装

工作内容：场内搬运、开箱、检查、配合钻孔、加垫、口缝涂密封胶、安装。

编　　号				2-062	2-063	2-064
项目名称				高效过滤器安装	中、低效过滤器安装	过滤器框架
单　　位				台		100kg
总价（元）				**85.10**	**21.11**	**1977.70**
其中	人工费（元）			76.14	12.15	851.99
	材料费（元）			8.96	8.96	1106.74
	机械费（元）			—	—	18.97
名　　称		单位	单价（元）	消　耗　量		
人工	综合工日	工日	135.00	0.564	0.090	6.311
材料	角钢　60mm	kg	3.72	—	—	17.000
	角钢　63mm	kg	3.47	—	—	14.000
	槽钢　5#~16#	kg	3.59	—	—	73.800
	六角螺栓带螺母　M8×75 以下	10 套	5.90	—	—	2.390
	镀锌六角螺栓　M8×250	个	11.70	—	—	5.600
	铝蝶形螺母　M12 以内	10 个	3.30	—	—	0.560

续前

编号				2-062	2-063	2-064
项目名称				高效过滤器安装	中、低效过滤器安装	过滤器框架
单位				台		100kg
名称		单位	单价（元）	消耗量		
材料	石棉橡胶板 低中压 δ0.8~6.0	kg	20.02	0.100	0.100	—
	闭孔乳胶海绵 δ5	kg	29.00	—	—	7.100
	白布	m^2	10.34	—	—	0.200
	白绸	m^2	4.18	—	—	0.200
	密封胶 KS 型	kg	15.12	0.460	0.460	2.600
	打包铁卡子	10 个	11.20	—	—	0.600
	低碳钢焊条 J422 D3.2	kg	3.60	—	—	1.900
	聚氯乙烯薄膜	kg	12.44	—	—	0.400
	塑料打包带	kg	19.85	—	—	0.100
	洗涤剂	kg	4.80	—	—	7.770
	镀锌铆钉 M4	kg	9.76	—	—	35.100
机械	中小型机械费	元	—	—	—	18.97

第八节　设备支架制作、安装

工作内容：1. 制作：场内搬运、放样、下料、调直、钻孔、焊接、成型。2. 安装：测位、上螺栓、固定、打洞、埋支架。

编　　号				2-065	2-066
项目名称				设备支架制作、安装（kg）	
				50 以内	50 以上
单　　位				100kg	
总价（元）				**1375.63**	**893.42**
其中	人工费（元）			942.03	492.75
	材料费（元）			408.07	386.14
	机械费（元）			25.53	14.53
名　　称		单位	单价（元）	消　耗　量	
人工	综合工日	工日	135.00	6.978	3.650
材料	扁钢 59mm 以内	kg	3.67	—	0.120
	槽钢 5#~16#	kg	3.59	—	79.090
	低碳钢焊条 J422 *D*4.0	kg	6.73	1.610	0.570
	角钢 60mm	kg	3.72	55.270	7.230
	角钢 63mm	kg	3.47	48.730	17.550
	氧气	m^3	2.88	1.150	0.500
	乙炔气	kg	14.66	0.409	0.178
	六角螺栓带螺母 M10×75 以下	10 套	7.60	1.741	—
	六角螺栓带螺母 M14×75 以下	10 套	11.50	—	0.208
	六角螺栓带螺母 M20×（100~150）	10 套	35.50	—	0.104
机械	中小型机械费	元	—	25.53	14.53

第九节 冷媒介质充注

工作内容：充注前准备工作、开箱检查、冷媒充注、设备调试。

编 号				2-067	2-068	2-069
项目名称				冷媒介质充注		
				室外机设备重量(kg)		
				50 以内	100 以内	100 以上
单 位				台		
总价(元)				**71.80**	**77.28**	**83.44**
其中	人工费(元)			67.91	72.90	78.57
	材料费(元)			3.89	4.38	4.87
名 称		单位	单价(元)	消 耗 量		
人工	综合工日	工日	135.00	0.503	0.540	0.582
材料	压力表 0~1.6MPa	块	48.67	0.080	0.090	0.100

第三章　通风管道制作、安装

说　明

一、本章包括薄钢板法兰风管制作、安装，镀锌薄钢板法兰风管制作、安装，镀锌薄钢板共板法兰风管制作、安装，铝板风管制作、安装，玻璃钢通风管道安装，复合型风管制作、安装，柔性软风管安装，弯头导流叶片及其他 8 节，共 96 条基价子目。

二、统一性规定及说明：

1. 镀锌薄钢板风管子目中的板材是按镀锌薄钢板编制的，如设计要求不用镀锌薄钢板时，板材可以换算，其他不变。

2. 风管导流叶片不分单叶片和香蕉形双叶片均执行同一子目。

3. 薄钢板通风管道、净化通风管道、玻璃钢通风管道、复合型风管制作与安装子目中，包括弯头、三通、变径管、天圆地方等管件及法兰、加固框和吊托支架的制作与安装，但不包括过跨风管落地支架，落地支架制作与安装执行本册基价第二章第八节“设备支架制作、安装”子目。

4. 薄钢板风管子目中的板材，如设计要求厚度不同时可以换算，人工、机械消耗量不变。

5. 铝板风管子目中的板材，如设计厚度不同时可以换算，人工、机械消耗量不变。

6. 铝板风管制作、安装子目中包括管件，但不包括法兰和吊托支架；法兰和吊托支架应单独列项计算，执行相应子目。

7. 复合型风管制作、安装子目规格所表示的直径为内径，周长为内周长。

8. 玻璃钢风管及管件按计算工程量加损耗外加工定做考虑。

9. 软管接头如使用人造革而不使用帆布时可以换算。

10. 柔性软风管适用于由金属、涂塑化纤织物、聚酯、聚乙烯、聚氯乙烯薄膜、铝箔等材料制成的软风管。

11. 挡烟垂壁子目中是按镀锌薄钢板编制的，如设计要求不用镀锌薄钢板时，板材可以换算，其他不变。

工程量计算规则

一、薄钢板风管、铝板风管、玻璃钢风管、复合型风管按设计图示规格以展开面积计算，以“m^2”为计量单位，不扣除检查孔、测定孔、送风口、吸风口等所占面积；风管长度一律以设计图示中心线长度为准（主管与支管以其中心线交点划分），包括弯头、三通、变径管、天圆地方等管件的长度，但不包括部件所占的长度；风管末端堵头按图示规格另行计算。咬口重叠部分已包括在项目内，不得另行增加。

二、柔性软风管安装按设计图示中心线长度计算，以“m”为计量单位。

三、弯头导流叶片制作与安装按设计图示叶片的面积计算，以“m^2”为计量单位。

四、软管（帆布）接口制作与安装按设计图示尺寸，以展开面积计算，以“m^2”为计量单位。

五、风管检查孔制作、安装按设计图示尺寸质量计算，以“kg”为计量单位。

六、温度、风量测定孔制作、安装依据其型号，按设计图示数量计算，以“个”为计量单位。

七、挡烟垂壁安装按设计图示的面积计算，以“m^2”为计量单位。

第一节　薄钢板法兰风管制作、安装

工作内容：1. 场内搬运、制作：放样、下料、轧口、卷圆、咬口、翻边、铆铆钉、点焊、焊接成型，制作直管、管件、法兰，吊托支架、钻孔、铆焊、上法兰、组对。
2. 安装：找标高、打支架墙洞、配合预留孔洞、埋设吊托支架、组装、风管就位、找平、找正、制垫、加垫、上螺栓、紧固。

编　号				3-001	3-002	3-003	3-004
项目名称				薄钢板圆形风管（δ=2mm 以内焊接）直径（mm）			
				320 以内	450 以内	1000 以内	2000 以内
单　位				$10m^2$			
总价（元）				**4494.53**	**2670.55**	**2019.44**	**2027.60**
其中	人工费（元）			4033.40	2283.66	1679.67	1649.30
	材料费（元）			174.36	215.20	215.81	258.07
	机械费（元）			286.77	171.69	123.96	120.23
名　称		单位	单价（元）	消　耗　量			
人工	综合工日	工日	135.00	29.877	16.916	12.442	12.217
材料	热轧薄钢板　δ2.0	m^2	—	（10.800）	（10.800）	（10.800）	（10.800）
	扁钢　59mm 以内	kg	3.67	20.640	3.750	2.580	9.270
	角钢　60mm	kg	3.72	0.890	31.600	32.710	33.930
	角钢　63mm	kg	3.47	—	—	2.330	3.190
	圆钢　D5.5~9.0	kg	3.90	2.930	1.900	0.750	0.120

续前

编号				3-001	3-002	3-003	3-004
项目名称				薄钢板圆形风管（δ=2mm 以内焊接）直径（mm）			
				320 以内	450 以内	1000 以内	2000 以内
单位				$10m^2$			
名称		单位	单价（元）	消耗量			
材料	圆钢 D10~14	kg	3.93	—	—	1.210	4.900
	低碳钢焊条 J422 D2.5	kg	3.60	6.350	4.860	4.450	4.360
	低碳钢焊条 J422 D3.2	kg	3.60	0.420	0.340	0.150	0.090
	尼龙砂轮片 D400	片	15.64	0.423	0.644	0.684	0.888
	碳钢气焊条 D2 以内	kg	15.58	1.000	0.900	0.780	0.790
	橡胶板 δ1~3	kg	11.26	1.400	1.240	0.970	0.920
	氧气	m^3	2.88	0.411	0.642	0.315	0.318
	乙炔气	kg	14.66	0.147	0.133	0.112	0.113
	六角螺栓带螺母 M6×（30~50）	10 套	1.73	8.500	7.167	—	—
	六角螺栓带螺母 M8×（30~50）	10 套	2.60	—	—	5.150	3.900
	膨胀螺栓 M12	套	1.75	2.000	2.000	1.500	1.000
机械	中小型机械费	元	—	286.77	171.69	123.96	120.23

工作内容: 1. 场内搬运、制作:放样、下料、轧口、卷圆、咬口、翻边、铆铆钉、点焊、焊接成型,制作直管、管件、法兰,吊托支架、钻孔、铆焊、上法兰、组对。
2. 安装:找标高、打支架墙洞、配合预留孔洞、埋设吊托支架、组装、风管就位、找平、找正、制垫、加垫、上螺栓、紧固。

				3-005	3-006	3-007	3-008
编号				3-005	3-006	3-007	3-008
项目名称				薄钢板圆形风管(δ=3mm 以内焊接)直径(mm)			
				320 以内	450 以内	1000 以内	2000 以内
单位				10m^2			
总价(元)				**5667.11**	**3050.77**	**2365.29**	**2367.57**
其中	人工费(元)			5057.24	2609.28	1968.71	1923.08
	材料费(元)			298.92	264.26	266.41	326.46
	机械费(元)			310.95	177.23	130.17	118.03
名称		单位	单价(元)	消耗量			
人工	综合工日	工日	135.00	37.461	19.328	14.583	14.245
材料	热轧薄钢板 δ3.0	m^2	—	(10.800)	(10.800)	(10.800)	(10.800)
	扁钢 59mm 以内	kg	3.67	4.050	3.560	2.580	9.270
	角钢 60mm	kg	3.72	32.170	33.880	37.270	42.660
	角钢 63mm	kg	3.47	—	—	2.330	3.190
	圆钢 D5.5~9.0	kg	3.90	2.930	1.900	0.750	0.120
	圆钢 D10~14	kg	3.93	—	—	0.960	4.900

编号				3-005	3-006	3-007	3-008
项目名称				薄钢板圆形风管（δ=3mm 以内焊接）直径（mm）			
				320 以内	450 以内	1000 以内	2000 以内
单位				$10m^2$			
名称		单位	单价（元）	消耗量			
材料	低碳钢焊条 J422 *D*2.5	kg	3.60	15.280	10.070	8.280	8.170
	低碳钢焊条 J422 *D*3.2	kg	3.60	0.420	0.340	0.150	0.090
	尼龙砂轮片 *D*400	片	15.64	0.677	0.680	0.758	1.039
	碳钢气焊条 *D*2 以内	kg	15.58	2.200	1.680	1.480	1.490
	橡胶板 δ1~3	kg	11.26	1.460	1.300	0.970	0.920
	氧气	m^3	2.88	2.085	1.593	1.395	1.416
	乙炔气	kg	14.66	0.745	0.569	0.498	0.506
	膨胀螺栓 M12	套	1.75	2.000	2.000	1.500	1.000
	六角螺栓带螺母 M8×（30~50）	10 套	2.60	—	—	5.150	3.900
	六角螺栓带螺母 M6×（30~50）	10 套	1.73	8.500	7.167	—	—
机械	中小型机械费	元	—	310.95	177.23	130.17	118.03

工作内容：1. 场内搬运、制作：放样、下料、折方、轧口、咬口、翻边、铆铆钉、点焊、焊接成型，制作直管、管件、法兰，吊托支架、钻孔、铆焊、上法兰、组对。
2. 安装：找标高、打支架墙洞、配合预留孔洞、埋设吊托支架、组装、风管就位、找平、找正、制垫、加垫、上螺栓、紧固。

编号				3-009	3-010	3-011	3-012	3-013
项目名称				薄钢板矩形风管（δ=2mm 以内焊接）长边长（mm）				
				320 以内	450 以内	1000 以内	1250 以内	2000 以内
单位				10m²				
总价（元）				**3074.13**	**2038.77**	**1448.55**	**1409.99**	**1301.58**
其中	人工费（元）			2539.35	1669.01	1177.61	1141.16	1031.54
	材料费（元）			290.57	227.79	182.32	183.69	195.47
	机械费（元）			244.21	141.97	88.62	85.14	74.57
名称		单位	单价（元）	消耗量				
人工	综合工日	工日	135.00	18.810	12.363	8.723	8.453	7.641
材料	热轧薄钢板 δ2.0	m²	—	（10.800）	（10.800）	（10.800）	（10.800）	（10.800）
	扁钢 59mm 以内	kg	3.67	2.150	1.330	1.120	1.095	1.020
	角钢 60mm	kg	3.72	40.420	35.660	29.220	30.630	34.860
	角钢 63mm	kg	3.47	—	—	0.160	0.185	0.260
	圆钢 D5.5~9.0	kg	3.90	1.350	1.930	1.490	1.318	0.800
	圆钢 D10~14	kg	3.93	—	—	—	—	1.850

编号				3-009	3-010	3-011	3-012	3-013
项目名称				薄钢板矩形风管（δ=2mm 以内焊接）长边长（mm）				
				320 以内	450 以内	1000 以内	1250 以内	2000 以内
单位				10m^2				
名称		单位	单价（元）	消耗量				
材料	低碳钢焊条 J422 *D*2.5	kg	3.60	7.300	5.170	4.100	3.813	2.950
	低碳钢焊条 J422 *D*3.2	kg	3.60	2.240	1.060	0.490	0.453	0.340
	尼龙砂轮片 *D*400	片	15.64	0.759	0.673	0.553	0.574	0.667
	碳钢气焊条 *D*2 以内	kg	15.58	1.450	0.930	0.730	0.658	0.440
	橡胶板 δ1~3	kg	11.26	1.840	1.300	0.920	0.905	0.860
	氧气	m^3	2.88	0.591	0.375	0.300	0.271	0.183
	乙炔气	kg	14.66	0.211	0.134	0.107	0.097	0.065
	六角螺栓带螺母 M6×（30~50）	10 套	1.73	16.900	8.150	—	—	—
	六角螺栓带螺母 M8×（30~50）	10 套	2.60	—	—	4.300	4.063	3.350
	膨胀螺栓 M12	套	1.75	2.000	2.000	1.500	1.375	1.000
机械	中小型机械费	元	—	244.21	141.97	88.62	85.14	74.57

工作内容：1. 场内搬运、制作：放样、下料、折方、轧口、咬口、翻边、铆铆钉、点焊、焊接成型，制作直管、管件、法兰，吊托支架、钻孔、铆焊、上法兰、组对。
2. 安装：找标高、打支架墙洞、配合预留孔洞、埋设吊托支架、组装、风管就位、找平、找正、制垫、加垫、上螺栓、紧固。

编号				3-014	3-015	3-016	3-017	3-018
项目名称				薄钢板矩形风管（δ=3mm以内焊接）长边长（mm）				
				320以内	450以内	1000以内	1250以内	2000以内
单位				$10m^2$				
总价（元）				**3607.72**	**2402.96**	**1659.69**	**1630.96**	**1552.01**
其中	人工费（元）			2971.35	1938.33	1335.83	1304.24	1209.60
	材料费（元）			384.06	320.35	235.24	242.06	270.22
	机械费（元）			252.31	144.28	88.62	84.66	72.19
名称		单位	单价（元）	消耗量				
人工	综合工日	工日	135.00	22.010	14.358	9.895	9.661	8.960
材料	热轧薄钢板 δ3.0	m^2	—	（10.800）	（10.800）	（10.800）	（10.800）	（10.800）
	扁钢 59mm以内	kg	3.67	2.150	1.330	1.120	1.095	1.020
	角钢 60mm	kg	3.72	42.860	39.350	34.560	38.178	49.030
	角钢 63mm	kg	3.47	—	—	0.160	0.185	0.260
	圆钢 D5.5~9.0	kg	3.90	1.350	1.930	1.490	1.138	0.080
	圆钢 D10~14	kg	3.93	—	—	—	—	1.850

续前

编号				3-014	3-015	3-016	3-017	3-018
项目名称				薄钢板矩形风管（δ=3mm 以内焊接）长边长（mm）				
				320 以内	450 以内	1000 以内	1250 以内	2000 以内
单位				$10m^2$				
名称		单位	单价（元）	消耗量				
材料	低碳钢焊条 J422 *D*2.5	kg	3.60	17.700	11.060	7.830	7.298	5.700
	低碳钢焊条 J422 *D*3.2	kg	3.60	2.240	1.060	0.490	0.453	0.340
	尼龙砂轮片 *D*400	片	15.64	0.801	0.736	0.645	0.701	0.903
	碳钢气焊条 *D*2 以内	kg	15.58	3.170	3.790	1.390	1.253	0.840
	橡胶板 δ1~3	kg	11.26	1.890	1.350	0.920	0.905	0.860
	氧气	m^3	2.88	2.925	1.794	1.275	1.157	0.801
	乙炔气	kg	14.66	1.045	0.641	0.455	0.413	0.286
	六角螺栓带螺母 M6×（30~50）	10 套	1.73	16.900	8.150	—	—	—
	六角螺栓带螺母 M8×（30~50）	10 套	2.60	—	—	4.300	4.063	3.350
	膨胀螺栓 M12	套	1.75	2.000	2.000	1.500	1.375	1.000
机械	中小型机械费	元	—	252.31	144.28	88.62	84.66	72.19

第二节　镀锌薄钢板法兰风管制作、安装

工作内容：1. 场内搬运、制作：放样、下料、卷圆、轧口、咬口，制作直管、管件、法兰，吊托支架、钻孔、铆焊、上法兰、组对。2. 安装：找标高、打支架墙洞、配合预留孔洞、埋设吊托支架、组装、风管就位、找平、找正、制垫、加垫、上螺栓、紧固。

编　号				3-019	3-020	3-021	3-022	3-023
项目名称				镀锌薄钢板圆形风管（δ=1.2mm 以内咬口）直径（mm）				
				320 以内	450 以内	1000 以内	1250 以内	2000 以内
单　位				$10m^2$				
总价（元）				**1840.81**	**1571.78**	**1215.07**	**1291.97**	**1522.26**
其中	人工费（元）			1664.96	1367.82	1023.98	1092.02	1296.27
	材料费（元）			126.88	172.91	176.22	186.49	216.74
	机械费（元）			48.97	31.05	14.87	13.46	9.25
名　称		单位	单价（元）	消　耗　量				
人工	综合工日	工日	135.00	12.333	10.132	7.585	8.089	9.602
材料	镀锌薄钢板　δ0.5	m^2	—	（11.380）	—	—	—	—
	镀锌薄钢板　δ0.6	m^2	—	—	（11.380）	—	—	—
	镀锌薄钢板　δ0.75	m^2	—	—	—	（11.380）	—	—
	镀锌薄钢板　δ1.0	m^2	—	—	—	—	（11.380）	—
	镀锌薄钢板　δ1.2	m^2	—	—	—	—	—	（11.380）
	扁钢　59mm 以内	kg	3.67	20.640	3.560	2.150	3.930	9.270
	角钢　60mm	kg	3.72	0.890	31.600	32.710	33.015	33.930

编号				3-019	3-020	3-021	3-022	3-023
项目名称				镀锌薄钢板圆形风管（δ=1.2mm 以内咬口）直径（mm）				
				320 以内	450 以内	1000 以内	1250 以内	2000 以内
单位				$10m^2$				
名称		单位	单价（元）	消耗量				
材料	角钢 63mm	kg	3.47	—	—	2.330	2.545	3.190
	圆钢 *D*5.5~9.0	kg	3.90	2.930	1.900	0.750	0.593	0.120
	圆钢 *D*10~14	kg	3.93	—	—	1.210	2.133	4.900
	低碳钢焊条 J422 *D*3.2	kg	3.60	0.420	0.340	0.150	0.135	0.090
	尼龙砂轮片 *D*400	片	15.64	0.015	0.023	0.024	0.032	0.026
	铁铆钉	kg	9.22	—	0.270	0.210	0.193	0.140
	橡胶板 δ1~3	kg	11.26	1.400	1.240	0.970	0.958	0.920
	氧气	m^3	2.88	0.084	0.117	0.135	0.146	0.177
	乙炔气	kg	14.66	0.030	0.042	0.048	0.052	0.063
	六角螺栓带螺母 M6×（30~50）	10 套	1.73	8.500	7.167	—	—	—
	六角螺栓带螺母 M8×（30~50）	10 套	2.60	—	—	5.150	4.838	3.900
	膨胀螺栓 M12	套	1.75	2.000	2.000	1.500	1.375	1.000
机械	中小型机械费	元	—	48.97	31.05	14.87	13.46	9.25

工作内容：1. 场内搬运、制作：放样、下料、折方、轧口、咬口，制作直管、管件，吊托支架、钻孔、焊接、组对。2. 安装：找标高、打支架墙洞、配合预留孔洞、埋设吊托支架，组装、风管就位、找平、找正、加密封胶条，上角码、弹簧夹、螺栓，紧固。

编　号				3-024	3-025	3-026	3-027	3-028	3-029
项目名称				镀锌薄钢板矩形风管（δ=1.2mm 以内咬口）长边长（mm）					
				320 以内	450 以内	1000 以内	1250 以内	2000 以内	4000 以内
单　位				$10m^2$					
总价（元）				**1526.12**	**1130.79**	**925.59**	**972.96**	**1121.68**	**1175.58**
其中	人工费（元）			1248.89	909.09	683.24	719.96	829.85	871.29
	材料费（元）			231.86	194.42	226.17	238.05	280.54	293.00
	机械费（元）			45.37	27.28	16.18	14.95	11.29	11.29
名　称		单位	单价（元）	消　耗　量					
人工	综合工日	工日	135.00	9.251	6.734	5.061	5.333	6.147	6.454
材料	镀锌薄钢板　δ0.5	m^2	—	(11.380)	—	—	—	—	—
	镀锌薄钢板　δ0.6	m^2	—	—	(11.380)	—	—	—	—
	镀锌薄钢板　δ0.75	m^2	—	—	—	(11.380)	—	—	—
	镀锌薄钢板　δ1.0	m^2	—	—	—	—	(11.380)	—	—
	镀锌薄钢板　δ1.2	m^2	—	—	—	—	—	(11.380)	(11.380)
	扁钢 59mm 以内	kg	3.67	2.150	1.330	1.120	1.095	1.020	1.020
	槽钢 $5^{\#}$~$16^{\#}$	kg	3.59	—	—	15.287	16.650	20.739	21.776

编号				3-024	3-025	3-026	3-027	3-028	3-029
项目名称				镀锌薄钢板矩形风管（δ=1.2mm 以内咬口）长边长（mm）					
				320 以内	450 以内	1000 以内	1250 以内	2000 以内	4000 以内
单位				$10m^2$					
名称		单位	单价（元）	消耗量					
材料	角钢 50×5 以内	kg	3.75	40.420	35.660	35.040	37.565	45.140	47.397
	角钢 63mm	kg	3.47	—	—	0.160	0.185	0.260	0.273
	圆钢 *D*5.5~9.0	kg	3.90	1.350	1.930	1.490	1.138	0.080	0.080
	圆钢 *D*10~14	kg	3.93	—	—	—	—	1.850	1.850
	低碳钢焊条 J422 *D*3.2	kg	3.60	2.240	1.060	0.490	0.453	0.340	0.357
	尼龙砂轮片 *D*400	片	15.64	0.027	0.024	0.023	0.030	0.025	0.025
	铁铆钉	kg	9.22	0.430	0.240	0.220	0.220	0.220	0.231
	橡胶板 δ1~3	kg	11.26	1.840	1.300	0.920	0.893	0.810	0.810
	氧气	m^3	2.88	0.150	0.135	0.135	0.143	0.168	0.176
	乙炔气	kg	14.66	0.054	0.048	0.048	0.051	0.060	0.063
	六角螺栓带螺母 M6×（30~50）	10 套	1.73	16.900	—	—	—	—	—
	六角螺栓带螺母 M8×（30~50）	10 套	2.60	—	9.050	4.300	4.063	3.350	3.350
	膨胀螺栓 M12	套	1.75	2.000	1.500	1.500	1.375	1.000	1.000
机械	中小型机械费	元	—	45.37	27.28	16.18	14.95	11.29	11.29

第三节　镀锌薄钢板共板法兰风管制作、安装

工作内容：1. 场内搬运、制作：放样、下料、折方、轧口、咬口，制作直管、法兰，吊托支架、钻孔、焊接、组对。2. 安装：找标高、打支架墙洞、配合预留孔洞、埋设吊托支架、组装、风管就位、找平、找正、加密封胶条，上角码、弹簧夹、螺栓，紧固。

编　号				3-030	3-031	3-032	3-033	3-034
项目名称				镀锌薄钢板共板法兰矩形风管（δ=1.2mm 以内咬口）长边长（mm）				
				320 以内	450 以内	1000 以内	1250 以内	2000 以内
单　位				10m²				
总价（元）				**1306.57**	**989.42**	**745.41**	**754.41**	**1019.50**
其中	人工费（元）			874.26	636.53	478.31	503.96	580.77
	材料费（元）			318.36	243.60	213.62	198.56	391.40
	机械费（元）			113.95	109.29	53.48	51.89	47.33
名　称		单位	单价（元）	消　耗　量				
人工	综合工日	工日	135.00	6.476	4.715	3.543	3.733	4.302
材料	镀锌薄钢板　δ0.5	m²	—	（11.800）	—	—	—	—
	镀锌薄钢板　δ0.6	m²	—	—	（11.800）	—	—	—
	镀锌薄钢板　δ0.75	m²	—	—	—	（11.800）	—	—
	镀锌薄钢板　δ1.0	m²	—	—	—	—	（11.800）	—
	镀锌薄钢板　δ1.2	m²	—	—	—	—	—	（11.800）
	扁钢　59mm 以内	kg	3.67	2.150	1.330	1.120	1.095	1.020
	槽钢　5#~16#	kg	3.59	—	—	15.287	16.650	20.739

编　号				3-030	3-031	3-032	3-033	3-034
项目名称				镀锌薄钢板共板法兰矩形风管（δ=1.2mm 以内咬口）长边长（mm）				
				320 以内	450 以内	1000 以内	1250 以内	2000 以内
单　位				$10m^2$				
名　称		单位	单价（元）	消　耗　量				
材料	圆钢 *D*5.5~9.0	kg	3.90	1.350	1.930	1.490	1.138	0.080
	圆钢 *D*10~14	kg	3.93	—	—	—	—	1.850
	弹簧夹	个	1.73	21.131	21.674	38.276	28.707	—
	低碳钢焊条 J422 *D*3.2	kg	3.60	1.456	0.647	0.230	0.215	0.167
	顶丝卡	个	2.29	—	—	—	—	98.760
	镀锌风管角码 δ0.8	个	0.91	43.530	21.465	12.636	12.051	—
	镀锌风管角码 δ1.0	个	1.14	—	—	—	—	10.296
	角钢 60mm	kg	3.72	25.420	20.660	—	—	—
	密封胶 KS 型	kg	15.12	0.480	0.349	0.307	0.307	0.307
	尼龙砂轮片 *D*400	片	15.64	0.500	0.413	0.309	0.409	0.326
	橡胶密封条	m	5.19	19.340	14.079	10.363	10.004	10.004
	氧气	m^3	2.88	0.099	0.083	0.064	0.068	0.082
	乙炔气	kg	14.66	0.035	0.029	0.023	0.024	0.029
	六角螺栓带螺母 M6×（30~50）	10 套	1.73	5.479	—	—	—	—
	六角螺栓带螺母 M8×（30~50）	10 套	2.60	—	2.648	1.488	1.159	1.173
	膨胀螺栓 M12	套	1.75	2.000	1.500	1.500	1.375	1.000
机械	中小型机械费	元	—	113.95	109.29	53.48	51.89	47.33

第四节　铝板风管制作、安装

工作内容: 1. 场内搬运、制作：放样、下料、卷圆、折方、制作管件、组对焊接、试漏、清洗焊口。2. 安装：找标高、清理墙洞、风管就位、组对焊接、试漏、清理焊口、固定。

编　　号				3-035	3-036	3-037	3-038	3-039	3-040
项目名称				铝板圆形风管（氧乙炔焊）直径 × 壁厚（mm）					
				≤ 200 × 2	≤ 400 × 2	≤ 630 × 2	≤ 2000 × 2	≤ 200 × 3	≤ 400 × 3
单　　位				$10m^2$					
总价（元）				**8581.59**	**6340.76**	**4785.83**	**4068.65**	**9321.93**	**6886.23**
其中	人工费（元）			7508.30	5539.59	4167.18	3453.71	8040.87	5922.99
	材料费（元）			553.44	468.66	436.00	483.81	705.01	593.26
	机械费（元）			519.85	332.51	182.65	131.13	576.05	369.98
名　　称		单位	单价（元）	消　耗　量					
人工	综合工日	工日	135.00	55.617	41.034	30.868	25.583	59.562	43.874
材料	铝板　δ2	m^2	—	（10.800）	（10.800）	（10.800）	（10.800）	—	—
	铝板　δ3	m^2	—	—	—	—	—	（10.800）	（10.800）
	热轧薄钢板　δ0.5	m^2	22.50	0.010	0.010	0.100	0.150	0.100	0.100
	白垩粉	kg	1.96	2.500	2.500	2.500	2.500	2.500	2.500
	钢锯条	条	4.33	13.000	11.050	9.100	9.100	13.000	11.050

编号				3-035	3-036	3-037	3-038	3-039	3-040
项目名称				铝板圆形风管（氧乙炔焊）直径 × 壁厚（mm）					
				≤ 200 × 2	≤ 400 × 2	≤ 630 × 2	≤ 2000 × 2	≤ 200 × 3	≤ 400 × 3
单位				$10m^2$					
名称		单位	单价（元）	消耗量					
材料	酒精	kg	6.06	1.300	1.300	1.300	1.300	1.300	1.300
	铝焊粉	kg	41.32	3.090	2.520	2.320	2.670	4.040	3.280
	铝焊丝 丝 301 *D*3.0	kg	47.38	2.520	2.040	1.880	2.160	3.920	3.180
	煤油	kg	7.49	1.950	1.950	1.950	1.950	1.950	1.950
	棉纱头	kg	16.11	1.300	1.300	1.300	1.300	1.300	1.300
	氢氧化钠（烧碱）	kg	7.24	2.600	2.600	2.600	2.600	2.600	2.600
	石油沥青油毡 350#	m^2	3.83	1.010	1.010	1.110	1.210	1.010	1.010
	铁砂布 0#~2#	张	1.15	19.500	19.500	19.500	19.500	19.500	19.500
	氧气	m^3	2.88	19.270	15.570	14.240	16.530	24.690	20.150
	乙炔气	kg	14.66	6.883	5.561	5.087	5.904	8.817	7.196
机械	中小型机械费	元	—	519.85	332.51	182.65	131.13	576.05	369.98

工作内容：1. 场内搬运、制作：放样、下料、卷圆、折方、制作管件、组对焊接、试漏、清洗焊口。2. 安装：找标高、清理墙洞、风管就位、组对焊接、试漏、清理焊口、固定。

编号					3-041	3-042	3-043	3-044	3-045	3-046
项目名称					铝板圆形风管（氧乙炔焊）直径 × 壁厚（mm）			铝板圆形风管（氩弧焊）直径 × 壁厚（mm）		
					≤ 630×3	≤ 700×3	>700×3	≤ 200×2	≤ 400×2	≤ 630×2
单位					$10m^2$					
总价（元）					**5173.83**	**4412.43**	**3858.41**	**9554.59**	**7191.05**	**5607.01**
其中	人工费（元）				4419.77	3653.10	3169.13	6931.71	5114.21	3847.23
	材料费（元）				547.99	614.15	581.56	790.17	664.05	606.90
	机械费（元）				206.07	145.18	107.72	1832.71	1412.79	1152.88
名称			单位	单价（元）	消耗量					
人工	综合工日		工日	135.00	32.739	27.060	23.475	51.346	37.883	28.498
材料	铝板 δ2		m^2	—	—	—	—	(10.800)	(10.800)	(10.800)
	铝板 δ3		m^2	—	(10.800)	(10.800)	(10.800)	—	—	—
	热轧薄钢板 δ0.5		m^2	22.50	0.100	0.150	0.150	0.100	0.100	0.100
	白垩粉		kg	1.96	2.400	2.300	2.300	—	—	—
	钢锯条		条	4.33	9.100	9.100	9.100	13.000	11.050	9.100
	酒精		kg	6.06	1.300	1.300	1.300	1.300	1.300	1.300
	铝焊粉		kg	41.32	3.010	3.490	3.240	—	—	—

编号				3-041	3-042	3-043	3-044	3-045	3-046
项目名称				铝板圆形风管（氧乙炔焊）直径 × 壁厚（mm）			铝板圆形风管（氩弧焊）直径 × 壁厚（mm）		
				≤ 630 × 3	≤ 700 × 3	>700 × 3	≤ 200 × 2	≤ 400 × 2	≤ 630 × 2
单位				$10m^2$					
名称		单位	单价（元）	消耗量					
材料	铝焊丝 丝 301 *D*3.0	kg	47.38	2.920	3.370	3.150	—	—	—
	铝猛合金焊丝 丝 321 *D*1~6	kg	49.32	—	—	—	5.610	4.560	4.200
	煤油	kg	7.49	1.950	1.950	1.950	1.950	1.950	1.950
	棉纱头	kg	16.11	1.300	1.300	1.300	1.300	1.300	1.300
	氢氧化钠（烧碱）	kg	7.24	2.600	2.600	2.600	2.600	2.600	2.600
	石油沥青油毡 350#	m^2	3.83	1.110	1.210	1.210	—	—	—
	铁砂布 0#~2#	张	1.15	19.500	19.500	19.500	19.500	19.500	19.500
	氧气	m^3	2.88	18.480	21.400	19.940	—	—	—
	乙炔气	kg	14.66	6.600	7.643	7.122	—	—	—
	氩气	m^3	18.60	—	—	—	18.632	15.331	13.770
	钍钨棒	kg	640.87	—	—	—	0.037	0.030	0.027
机械	中小型机械费	元	—	206.07	145.18	107.72	1832.71	1412.79	1152.88

工作内容：1. 场内搬运、制作：放样、下料、卷圆、折方、制作管件、组对焊接、试漏、清洗焊口。2. 安装：找标高、清理墙洞、风管就位、组对焊接、试漏、清理焊口、固定。

编号				3-047	3-048	3-049	3-050	3-051	3-052
项目名称				铝板圆形风管（氩弧焊）直径 × 壁厚（mm）					
				≤ 700 × 2	≤ 200 × 3	≤ 400 × 3	≤ 630 × 3	≤ 700 × 3	>700 × 3
单位				$10m^2$					
总价（元）				**5129.63**	**10690.88**	**8052.11**	**6318.92**	**5225.23**	**4235.39**
其中	人工费（元）			3188.57	7423.25	5468.04	4080.24	3372.44	2925.86
	材料费（元）			683.52	1009.85	840.87	773.57	738.82	609.78
	机械费（元）			1257.54	2257.78	1743.20	1465.11	1113.97	699.75
名称		单位	单价（元）	消耗量					
人工	综合工日	工日	135.00	23.619	54.987	40.504	30.224	24.981	21.673
材料	铝板 δ2	m^2	—	（10.800）	—	—	—	—	—
	铝板 δ3	m^2	—	—	（10.800）	（10.800）	（10.800）	（10.800）	（10.800）
	热轧薄钢板 δ0.5	m^2	22.50	0.150	0.100	0.100	0.100	0.150	0.150
	钢锯条	条	4.33	9.100	13.000	11.050	9.100	9.100	9.100
	酒精	kg	6.06	1.300	1.300	1.300	1.300	1.300	1.300
	铝锰合金焊丝 丝 321 *D*1~6	kg	49.32	4.830	7.960	6.460	5.930	6.860	6.390
	煤油	kg	7.49	1.950	1.950	1.950	1.950	1.950	1.950
	棉纱头	kg	16.11	1.300	1.300	1.300	1.300	1.300	1.300
	氢氧化钠（烧碱）	kg	7.24	2.600	2.600	2.600	2.600	2.600	2.600
	铁砂布 $0^{\#}$~$2^{\#}$	张	1.15	19.500	19.500	19.500	19.500	19.500	19.500
	氩气	m^3	18.60	15.986	23.867	19.489	17.868	13.749	8.402
	钍钨棒	kg	640.87	0.032	0.047	0.039	0.035	0.027	0.017
机械	中小型机械费	元	—	1257.54	2257.78	1743.20	1465.11	1113.97	699.75

工作内容: 1. 场内搬运、制作：放样、下料、折方、制作管件、组对焊接、试漏、清洗焊口。2. 安装：找标高、清理墙洞、风管就位、组对焊接、试漏、清洗焊口、固定。

编号				3-053	3-054	3-055	3-056	3-057	3-058
项目名称				铝板矩形风管（氧乙炔焊）长边长 × 壁厚（mm）					
				≤ 320 × 2	≤ 630 × 2	≤ 2000 × 2	≤ 320 × 3	≤ 630 × 3	≤ 2000 × 3
单位				$10m^2$					
总价（元）				**5228.86**	**3549.98**	**2725.89**	**5691.27**	**3727.06**	**2797.90**
其中	人工费（元）			4336.61	2971.35	2297.43	4673.84	2966.90	2297.43
	材料费（元）			663.80	395.01	293.44	774.40	541.44	387.06
	机械费（元）			228.45	183.62	135.02	243.03	218.72	113.41
名称		单位	单价（元）	消耗量					
人工	综合工日	工日	135.00	32.123	22.010	17.018	34.621	21.977	17.018
材料	铝板 δ2	m^2	—	（10.800）	（10.800）	（10.800）	—	—	—
	铝板 δ3	m^2	—	—	—	—	（10.800）	（10.800）	（10.800）
	白垩粉	kg	1.96	2.500	2.500	2.500	2.500	2.500	2.500
	钢锯条	条	4.33	13.000	8.450	7.800	13.000	9.100	7.800
	酒精	kg	6.06	1.300	1.300	1.300	1.300	1.300	1.300
	铝焊粉	kg	41.32	3.830	2.110	1.370	4.530	3.050	1.980
	铝焊丝 丝 301 D3.0	kg	47.38	3.100	1.720	1.110	4.390	2.960	1.910
	煤油	kg	7.49	2.600	1.950	1.890	2.600	1.950	1.920
	棉纱头	kg	16.11	1.300	1.300	1.300	1.300	1.300	1.300
	氢氧化钠（烧碱）	kg	7.24	4.500	2.600	2.600	2.600	2.600	2.600
	石油沥青油毡 350#	m^2	3.83	0.500	0.500	0.500	0.500	0.500	0.500
	铁砂布 0#~2#	张	1.15	19.500	13.000	11.700	19.500	13.000	12.350
	氧气	m^3	2.88	23.690	13.030	8.430	27.920	18.700	12.070
	乙炔气	kg	14.66	8.461	4.652	3.009	9.970	6.678	4.309
机械	中小型机械费	元	—	228.45	183.62	135.02	243.03	218.72	113.41

工作内容：1. 场内搬运、制作：放样、下料、折方、制作管件、组对焊接、试漏、清洗焊口。2. 安装：找标高、清理墙洞、风管就位、组对焊接、试漏、清洗焊口、固定。

编号				3-059	3-060	3-061	3-062	3-063	3-064
项目名称				铝板矩形风管（氩弧焊）长边长 × 壁厚（mm）					
				≤ 320×2	≤ 630×2	≤ 2000×2	≤ 320×3	≤ 630×3	≤ 2400×3
单位				10m²					
总价（元）				**7652.97**	**4620.56**	**3398.19**	**7918.60**	**5236.53**	**3771.33**
其中	人工费（元）			4818.42	2971.35	2297.43	4673.84	2966.90	2297.43
	材料费（元）			958.96	558.22	392.83	1117.21	773.32	534.61
	机械费（元）			1875.59	1090.99	707.93	2127.55	1496.31	939.29
名称		单位	单价（元）	消耗量					
人工	综合工日	工日	135.00	35.692	22.010	17.018	34.621	21.977	17.018
材料	铝板 δ2	m²	—	(10.800)	(10.800)	(10.800)	—	—	—
	铝板 δ3	m²	—	—	—	—	(10.800)	(10.800)	(10.800)
	钢锯条	条	4.33	13.000	8.450	7.800	13.000	9.100	7.800
	酒精	kg	6.06	1.300	1.300	1.300	1.300	1.300	1.300
	铝锰合金焊丝 丝 321 *D*1~6	kg	49.32	6.930	3.830	2.480	8.920	6.010	3.890
	煤油	kg	7.49	2.600	1.950	1.890	2.600	1.950	1.920
	棉纱头	kg	16.11	1.300	1.300	1.300	1.300	1.300	1.300
	氢氧化钠（烧碱）	kg	7.24	4.500	2.600	2.600	2.600	2.600	2.600
	铁砂布 0#~2#	张	1.15	19.500	13.000	11.700	19.500	13.000	12.350
	氩气	m³	18.60	23.016	12.877	8.131	26.746	18.131	11.721
	钍钨棒	kg	640.87	0.046	0.025	0.016	0.053	0.036	0.023
机械	中小型机械费	元	—	1875.59	1090.99	707.93	2127.55	1496.31	939.29

第五节　玻璃钢通风管道安装

工作内容：场内搬运、找标高、打支架墙洞、配合预留孔洞、吊托支架制作及埋没、风管配合修补、粘接、组装就位、找平、找正、制垫、加垫、上螺栓、紧固。

编号				3-065	3-066	3-067	3-068
项目名称				玻璃钢圆形风管 直径(mm)			
				200 以内	500 以内	800 以内	2000 以内
单位				$10m^2$			
总价(元)				**1450.80**	**808.02**	**679.95**	**777.06**
其中	人工费(元)			1297.89	677.84	557.42	642.06
	材料费(元)			130.90	121.61	118.22	133.12
	机械费(元)			22.01	8.57	4.31	1.88
名称		单位	单价(元)	消耗量			
人工	综合工日	工日	135.00	9.614	5.021	4.129	4.756
材料	玻璃钢风管 δ1.5~4.0	m^2	—	(10.320)	(10.320)	(10.320)	(10.320)
	扁钢 59mm 以内	kg	3.67	4.130	1.420	0.860	3.710
	角钢 60mm	kg	3.72	8.620	12.640	14.020	14.850
	圆钢 *D*5.5~9.0	kg	3.90	2.930	1.900	0.750	0.120
	圆钢 *D*10~14	kg	3.93	—	—	1.210	4.900
	低碳钢焊条 J422 *D*3.2	kg	3.60	0.170	0.140	0.060	0.040
	橡胶板 δ1~3	kg	11.26	1.400	1.240	0.970	0.920
	氧气	m^3	2.88	0.087	0.117	0.123	0.177
	乙炔气	kg	14.66	0.031	0.042	0.044	0.063
	六角螺栓带螺母 M8×75 以下	10 套	5.90	9.350	7.890	—	—
	六角螺栓带螺母 M10×75 以下	10 套	7.60	—	—	5.670	4.290
机械	中小型机械费	元	—	22.01	8.57	4.31	1.88

工作内容：场内搬运、找标高、打支架墙洞、配合预留孔洞、吊托支架制作及埋设、风管配合修补、粘接、组装就位、找平、找正、制垫、加垫、上螺栓、紧固。

编号				3-069	3-070	3-071	3-072
项目名称				玻璃钢矩形风管 长边长（mm）			
				200 以内	500 以内	800 以内	2000 以内
单位				$10m^2$			
总价（元）				**1055.46**	**644.53**	**487.19**	**573.64**
其中	人工费（元）			838.08	499.64	376.38	455.76
	材料费（元）			203.34	138.43	107.75	115.56
	机械费（元）			14.04	6.46	3.06	2.32
名称		单位	单价（元）	消耗量			
人工	综合工日	工日	135.00	6.208	3.701	2.788	3.376
材料	玻璃钢风管 δ1.5~4.0	m^2	—	（10.320）	（10.320）	（10.320）	（10.320）
	扁钢 59mm 以内	kg	3.67	0.860	0.530	0.450	0.410
	角钢 60mm	kg	3.72	16.170	14.260	14.080	18.160
	圆钢 D5.5~9.0	kg	3.90	1.350	1.930	1.490	0.080
	圆钢 D10~14	kg	3.93	—	—	—	1.850
	低碳钢焊条 J422 D3.2	kg	3.60	0.900	0.420	0.180	0.140
	橡胶板 δ1~3	kg	11.26	1.840	1.300	0.920	0.810
	氧气	m^3	2.88	0.138	0.123	0.117	0.153
	乙炔气	kg	14.66	0.050	0.044	0.042	0.055
	六角螺栓带螺母 M8×75 以下	10 套	5.90	18.590	9.960	—	—
	六角螺栓带螺母 M10×75 以下	10 套	7.60	—	—	4.730	3.690
机械	中小型机械费	元	—	14.04	6.46	3.06	2.32

第六节　复合型风管制作、安装

工作内容：1. 场内搬运、制作：放样、切割、开槽、成型、制作管体、钻孔、组合。2. 安装：找标高、打支架墙洞、配合预留孔洞、埋设吊托支架、组装、风管就位、制垫、加垫、固定。

编　号				3-073	3-074	3-075	3-076
项目名称				复合型圆形风管 直径（mm）			
				300 以内	630 以内	1000 以内	2000 以内
单　位				$10m^2$			
总价（元）				**319.48**	**202.78**	**207.84**	**228.71**
其中	人工费（元）			222.08	136.89	132.30	141.48
	材料费（元）			46.90	31.73	41.73	49.33
	机械费（元）			50.50	34.16	33.81	37.90
名　称		单位	单价（元）	消　耗　量			
人工	综合工日	工日	135.00	1.645	1.014	0.980	1.048
材料	复合型板材	m^2	—	（11.600）	（11.600）	（11.600）	（11.600）
	热敏铝箔胶带 64mm	m	—	（35.120）	（20.360）	（13.530）	（8.490）
	扁钢 59mm 以内	kg	3.67	6.640	4.770	3.780	4.440
	圆钢 *D*5.5~9.0	kg	3.90	4.880	2.750	5.380	7.090
	垫圈 M2~8	10 个	0.30	—	—	3.540	3.030
	六角螺母 M6~10	10 个	0.90	—	—	3.540	3.030
	膨胀螺栓 M12	套	1.75	2.000	2.000	1.500	1.000
机械	中小型机械费	元	—	50.50	34.16	33.81	37.90

工作内容：1. 场内搬运、制作：放样、切割、开槽、成型、制作管体、钻孔、组合。2. 安装：找标高、打支架墙洞、配合预留孔洞、埋设吊托支架、组装、风管就位、制垫、加垫、固定。

编号				3-077	3-078	3-079	3-080	3-081
项目名称				复合型矩形风管 周长（mm）				
				300 以内	630 以内	1000 以内	2000 以内	2000 以上
单位				$10m^2$				
总价（元）				**259.29**	**274.88**	**236.85**	**247.28**	**240.56**
其中	人工费（元）			165.78	158.22	149.04	147.56	132.30
	材料费（元）			58.96	76.16	47.68	59.96	63.30
	机械费（元）			34.55	40.50	40.13	39.76	44.96
名称		单位	单价（元）	消耗量				
人工	综合工日	工日	135.00	1.228	1.172	1.104	1.093	0.980
材料	复合型板材	m^2	—	（11.800）	（11.800）	（11.800）	（11.800）	（11.800）
	热敏铝箔胶带 64mm	m	—	（22.290）	（21.230）	（18.040）	（18.520）	（10.270）
	垫圈 M2~8	10 个	0.30	—	—	2.310	5.440	3.450
	镀锌薄钢板 δ1.0~1.5	kg	4.38	0.710	0.710	1.260	1.260	1.650
	角钢 60mm	kg	3.72	8.390	11.870	4.730	2.980	4.400
	圆钢 *D*5.5~9.0	kg	3.90	5.420	6.120	4.300	8.000	7.900
	膨胀螺栓 M12	套	1.75	2.000	1.500	1.500	1.500	1.000
	六角螺母 M6~10	10 个	0.90	—	—	2.310	5.440	3.450
	自攻螺钉 M4 × 12	10 个	0.60	—	4.000	4.000	5.000	5.000
机械	中小型机械费	元	—	34.55	40.50	40.13	39.76	44.96

第七节　柔性软风管安装

工作内容：场内搬运、就位、加垫、连接、找平、找正、固定。

编　号				3-082	3-083	3-084	3-085	3-086
项目名称				无保温套管柔性软风管 直径(mm)				
				150 以内	250 以内	500 以内	710 以内	910 以内
单　位				m				
总价(元)				**6.91**	**8.40**	**9.88**	**12.99**	**15.96**
其中	人工费(元)			4.59	6.08	7.56	10.67	13.64
	材料费(元)			2.32	2.32	2.32	2.32	2.32
名　称		单位	单价(元)	消　耗　量				
人工	综合工日	工日	135.00	0.034	0.045	0.056	0.079	0.101
材料	柔性软风管	m	—	(1.000)	(1.000)	(1.000)	(1.000)	(1.000)
	不锈钢 U 形卡 3	个	1.74	1.333	1.333	1.333	1.333	1.333

工作内容：场内搬运、就位、加垫、连接、找平、找正、固定。

编号					3-087	3-088	3-089	3-090	3-091
项目名称					有保温套管柔性软风管 直径（mm）				
					150 以内	250 以内	500 以内	710 以内	910 以内
单位					m				
总价（元）					**8.40**	**9.88**	**12.99**	**15.96**	**20.55**
其中	人工费（元）				6.08	7.56	10.67	13.64	18.23
	材料费（元）				2.32	2.32	2.32	2.32	2.32
名称		单位	单价（元）		消耗量				
人工	综合工日	工日	135.00		0.045	0.056	0.079	0.101	0.135
材料	柔性软风管	m	—		（1.000）	（1.000）	（1.000）	（1.000）	（1.000）
	不锈钢 U 形卡 3	个	1.74		1.333	1.333	1.333	1.333	1.333

第八节　弯头导流叶片及其他

工作内容：场内搬运、放样、下料、开孔、钻眼、铆接、焊接、成型、组装、加垫、紧螺栓、焊锡。

编　号				3-092	3-093	3-094	3-095
项目名称				弯头导流叶片	软管接口	风管检查孔	温度、风量测定孔
单　位				m^2		100kg	个
总价（元）				**273.21**	**404.13**	**4308.78**	**111.62**
其中	人工费（元）			240.44	248.00	3190.46	92.75
	材料费（元）			32.77	154.43	761.58	7.88
	机械费（元）			—	1.70	356.74	10.99
名　称		单位	单价（元）	消　耗　量			
人工	综合工日	工日	135.00	1.781	1.837	23.633	0.687
材料	镀锌薄钢板　δ0.75	m^2	27.53	1.140	—	—	—
	热轧薄钢板　δ1.0~1.5	kg	3.69	—	—	76.360	—
	热轧薄钢板　δ2.0~2.5	kg	3.72	—	—	—	0.180
	扁钢 59mm 以内	kg	3.67	—	8.320	31.760	—
	角钢 60mm	kg	3.72	—	18.330	—	—
	圆钢 D5.5~9.0	kg	3.90	—	—	1.410	—
	闭孔乳胶海绵　δ20	m^2	29.32	—	—	5.070	—

续前

编号				3-092	3-093	3-094	3-095
项目名称				弯头导流叶片	软管接口	风管检查孔	温度、风量测定孔
单位				m^2		100kg	个
名称		单位	单价（元）	消耗量			
材料	弹簧垫圈 M2~10	10 个	0.30	—	—	12.120	0.424
	低碳钢焊条 J422 *D*3.2	kg	3.60	—	0.060	—	0.110
	镀锌丝堵 *DN*50（堵头）	个	3.40	—	—	—	1.000
	帆布	m^2	24.86	—	1.150	—	—
	酚醛塑料把手 BX32	个	1.41	—	—	120.040	—
	熟铁管箍 *DN*50	个	3.04	—	—	—	1.000
	铁铆钉	kg	9.22	0.150	0.070	1.430	—
	橡胶板 δ1~3	kg	11.26	—	0.970	—	—
	圆锥销 3×18	10 个	3.00	—	—	4.040	—
	精制六角带帽螺栓 M（2~5）×（4~20）	10 套	0.60	—	—	—	0.416
	六角螺母 M6~10	10 个	0.90	—	—	12.120	—
	六角螺栓带螺母 M8×75 以下	10 套	5.90	—	2.600	—	—
机械	中小型机械费	元	—	—	1.70	356.74	10.99

工作内容：场内搬运、搭设脚手架、放线、打眼、上胀栓、焊骨架、安装。

编　号				3-096
项目名称				挡烟垂壁
单　位				m^2
总价（元）				**69.57**
其中	人工费（元）			47.25
	材料费（元）			17.42
	机械费（元）			4.90
名　称		单位	单价（元）	消　耗　量
人工	综合工日	工日	135.00	0.350
材料	镀锌薄钢板（综合）	m^2	—	（1.050）
	角钢 60mm	kg	3.72	2.800
	镀锌膨胀螺栓 M12	10个	17.50	0.400
机械	中小型机械费	元	—	4.90

第四章　通风管道部件制作、安装

说　明

一、本章包括碳钢调节阀安装，柔性软风管阀门安装，碳钢风口安装，铝制孔板口安装，碳钢风帽制作、安装，铝板风帽、法兰制作、安装，玻璃钢风帽安装，罩类制作、安装，消声器安装，消声静压箱安装，静压箱制作、安装 11 节，共 173 条基价子目。

二、统一性规定及说明：

1. 碳钢百叶风口安装子目适用于带调节板活动百叶风口、单层百叶风口、双层百叶风口、三层百叶风口、连动百叶风口、135 型单层百叶风口、135 型双层百叶风口、135 型带导流叶片百叶风口、活动金属百叶风口。风口的宽与长之比≤ 0.125 为条缝形风口，执行百叶风口子目，人工乘以系数 1.10。

2. 蝶阀安装子目适用于圆形保温蝶阀，方形、矩形保温蝶阀，圆形蝶阀，矩形蝶阀，风管止回阀安装子目适用于圆形风管止回阀、矩形风管止回阀。

3. 铝合金或其他材料制作的调节阀安装应执行本章相应子目。

4. 碳钢散流器安装子目适用于圆形直片散流器、矩形直片散流器、流线型散流器。

5. 碳钢送吸风口安装子目适用于单面送吸风口、双面送吸风口。

6. 铝合金风口安装应执行碳钢风口子目，人工乘以系数 0.90。

7. 铝制孔板风口如需电化处理时，电化费另行计算。

8. 管式消声器安装适用于各类管式消声器。

9. 静压箱吊托支架执行设备支架子目。

10. 排烟风口吊托支架执行设备支架子目。

工程量计算规则

一、碳钢调节阀安装依据其类型、直径（圆形）或周长（矩形），按设计图示数量计算，以“个”为计量单位。

二、柔性软风管阀门安装按设计图示数量计算，以“个”为计量单位。

三、碳钢各种风口、散流器的安装依据类型、规格尺寸按设计图示数量计算，以“个”为计量单位。

四、钢百叶窗及活动金属百叶风口安装依据规格尺寸按设计图示数量计算，以“个”为计量单位。

五、碳钢风帽的制作、安装均按其质量以“100kg”为计量单位，非标准风帽制作、安装按成品质量以“100kg”为计量单位。

六、碳钢风帽滴水盘制作、安装按设计图示尺寸以质量计算，以“100kg”为计量单位。

七、碳钢风帽筝绳制作、安装按设计图示尺寸以质量计算，以“100kg”为计量单位。

八、碳钢风帽泛水制作、安装按设计图示尺寸以展开面积计算，以“m^2”为计量单位。

九、铝板圆伞形风帽，铝板风管圆形、矩形法兰制作按设计图示尺寸以质量为单位，以“100kg”为计量单位。

十、玻璃钢风帽安装依据成品质量按设计图示数量计算，以“100kg”为计量单位。

十一、微穿孔板消声器、管式消声器、阻抗式消声器成品安装按设计图示数量计算,以“节”为计量单位。

十二、消声弯头安装按设计图示数量计算,以“个”为计量单位。

十三、消声静压箱安装按设计图示数量计算,以“个”为计量单位。

十四、静压箱制作、安装按设计图示尺寸以展开面积计算,以“m^2”为计量单位。

第一节　碳钢调节阀安装

工作内容：场内搬运、号孔、钻孔、对口、校正、制垫、加垫、上螺栓、紧固、试动。

编　号				4-001	4-002	4-003	4-004	4-005	4-006
项目名称				空气加热器上通阀	空气加热器旁通阀	圆形瓣式启动阀 直径(mm)			
						600 以内	800 以内	1000 以内	1300 以内
单　位				个					
总价(元)				**192.55**	**121.33**	**167.89**	**210.90**	**262.90**	**352.74**
其中	人工费(元)			173.61	114.21	155.25	194.81	239.09	317.93
	材料费(元)			17.69	7.08	12.51	15.96	21.96	32.08
	机械费(元)			1.25	0.04	0.13	0.13	1.85	2.73
名　称		单位	单价(元)	消 耗 量					
人工	综合工日	工日	135.00	1.286	0.846	1.150	1.443	1.771	2.355
材料	空气加热器 上通阀	个	—	(1.000)	—	—	—	—	—
	空气加热器 旁通阀	个	—	—	(1.000)	—	—	—	—
	圆形瓣式启动阀	个	—	—	—	(1.000)	(1.000)	(1.000)	(1.000)
	扁钢 60mm 以外	kg	3.68	1.060	—	—	—	—	—
	低碳钢焊条 J422 $D3.2$	kg	3.60	0.230	—	—	—	—	—
	橡胶板 $\delta 1\sim3$	kg	11.26	—	—	0.220	0.270	0.380	0.540
	垫圈 M10~20	10 个	1.40	0.600	—	—	—	—	—
	六角螺栓带螺母 M8×75 以下	10 套	5.90	—	1.200	1.700	—	—	—
	六角螺栓带螺母 M10×260	10 套	20.20	0.600	—	—	—	—	—
	六角螺栓带螺母 M10×75 以下	10 套	7.60	—	—	—	1.700	—	—
	六角螺栓带螺母 M12×75	10 套	10.40	—	—	—	—	1.700	2.500
机械	中小型机械费	元	—	1.25	0.04	0.13	0.13	1.85	2.73

工作内容：场内搬运、号孔、钻孔、对口、校正、制垫、加垫、上螺栓、紧固、试动。

编号				4–007	4–008	4–009	4–010	4–011
项目名称				风管蝶阀 周长（mm）				
				800 以内	1600 以内	2400 以内	3200 以内	4000 以内
单位				个				
总价（元）				**36.37**	**54.44**	**96.89**	**129.89**	**174.97**
其中	人工费（元）			32.00	45.63	79.11	106.52	145.94
	材料费（元）			4.24	6.08	13.63	17.91	21.39
	机械费（元）			0.13	2.73	4.15	5.46	7.64
名称		单位	单价（元）	消耗量				
人工	综合工日	工日	135.00	0.237	0.338	0.586	0.789	1.081
材料	蝶阀	个	—	（1.000）	（1.000）	（1.000）	（1.000）	（1.000）
	橡胶板 δ1~3	kg	11.26	0.110	0.220	0.320	0.490	0.590
	六角螺栓带螺母 M6×75 以下	10 套	3.00	1.000	1.200	—	—	—
	六角螺栓带螺母 M8×75 以下	10 套	5.90	—	—	1.700	2.100	2.500
机械	中小型机械费	元	—	0.13	2.73	4.15	5.46	7.64

工作内容：场内搬运、号孔、钻孔、对口、校正、制垫、加垫、上螺栓、紧固、试动。

编号				4-012	4-013	4-014	4-015
项目名称				圆形、方形风管止回阀 周长(mm)			
				800以内	1200以内	2000以内	3200以内
单位				个			
总价(元)				**45.51**	**50.79**	**82.43**	**99.51**
其中	人工费(元)			37.94	42.66	65.21	76.14
	材料费(元)			4.84	5.40	13.07	17.91
	机械费(元)			2.73	2.73	4.15	5.46
名称		单位	单价(元)	消耗量			
人工	综合工日	工日	135.00	0.281	0.316	0.483	0.564
材料	风管止回阀	个	—	(1.000)	(1.000)	(1.000)	(1.000)
	橡胶板 δ1~3	kg	11.26	0.110	0.160	0.270	0.490
	六角螺栓带螺母 M6×75以下	10套	3.00	1.200	1.200	—	—
	六角螺栓带螺母 M8×75以下	10套	5.90	—	—	1.700	2.100
机械	中小型机械费	元	—	2.73	2.73	4.15	5.46

工作内容：场内搬运、号孔、钻孔、对口、校正、制垫、加垫、上螺栓、紧固、试动。

编号				4-016	4-017	4-018
项目名称				密闭式斜插板阀直径（mm）		
				140 以内	280 以内	340 以内
单位				个		
总价（元）				**33.81**	**39.44**	**46.96**
其中	人工费（元）			32.00	36.32	42.66
	材料费（元）			1.76	3.04	4.20
	机械费（元）			0.05	0.08	0.10
名称		单位	单价（元）	消耗量		
人工	综合工日	工日	135.00	0.237	0.269	0.316
材料	密闭式斜插板阀	个	—	（1.000）	（1.000）	（1.000）
	橡胶板 δ1~3	kg	11.26	0.050	0.110	0.160
	六角螺栓带螺母 M6×75 以下	10 套	3.00	0.400	0.600	0.800
机械	中小型机械费	元	—	0.05	0.08	0.10

工作内容：场内搬运、号孔、钻孔、对口、校正、制垫、加垫、上螺栓、紧固、试动。

编号				4–019	4–020	4–021	4–022	4–023	4–024
项目名称				对开多叶调节阀 周长（mm）					
				2800 以内	4000 以内	5200 以内	6500 以内	8000 以内	10000 以内
单位				个					
总价（元）				**86.09**	**98.83**	**120.97**	**147.27**	**179.52**	**218.80**
其中	人工费（元）			68.31	76.14	91.26	109.49	131.36	157.68
	材料费（元）			13.63	17.23	22.07	28.00	35.57	45.07
	机械费（元）			4.15	5.46	7.64	9.78	12.59	16.05
名称		单位	单价（元）	消耗量					
人工	综合工日	工日	135.00	0.506	0.564	0.676	0.811	0.973	1.168
材料	对开多叶调节阀	个	—	（1.000）	（1.000）	（1.000）	（1.000）	（1.000）	（1.000）
	橡胶板 δ1~3	kg	11.26	0.320	0.430	0.650	0.810	1.000	1.250
	六角螺栓带螺母 M8×75 以下	10 套	5.90	1.700	2.100	2.500	3.200	4.120	5.253
机械	中小型机械费	元	—	4.15	5.46	7.64	9.78	12.59	16.05

工作内容：场内搬运、号孔、钻孔、对口、校正、制垫、加垫、上螺栓、紧固、试动。

编号				4-025	4-026	4-027	4-028
项目名称				风管防火阀 周长（mm）			
				2200 以内	3600 以内	5400 以内	8000 以内
单位				个			
总价（元）				**126.17**	**199.95**	**273.52**	**404.91**
其中	人工费（元）			108.95	177.26	243.81	360.86
	材料费（元）			13.07	17.23	22.07	32.75
	机械费（元）			4.15	5.46	7.64	11.30
名称		单位	单价（元）	消耗量			
人工	综合工日	工日	135.00	0.807	1.313	1.806	2.673
材料	风管防火阀	个	—	（1.000）	（1.000）	（1.000）	（1.000）
	橡胶板 δ1~3	kg	11.26	0.270	0.430	0.650	0.970
	六角螺栓带螺母 M8×75 以下	10 套	5.90	1.700	2.100	2.500	3.700
机械	中小型机械费	元	—	4.15	5.46	7.64	11.30

第二节　柔性软风管阀门安装

工作内容: 场内搬运、号孔、钻孔、对口、校正、制垫、加垫、上螺栓、紧固。

编　号				4-029	4-030	4-031	4-032	4-033
项目名称				柔性软风管阀门 直径(mm)				
				150 以内	250 以内	500 以内	710 以内	910 以内
单　位				个				
总价(元)				**5.94**	**7.43**	**12.15**	**15.26**	**21.06**
其中	人工费(元)			5.94	7.43	12.15	15.26	21.06
	材料费(元)			—	—	—	—	—
名　称		单位	单价(元)	消　耗　量				
人工	综合工日	工日	135.00	0.044	0.055	0.090	0.113	0.156
材料	柔性软风管阀门	个	—	(1.000)	(1.000)	(1.000)	(1.000)	(1.000)

第三节　碳钢风口安装

工作内容：场内搬运、对口、上螺栓、制垫、加垫、找正、找平、固定、试动、调整。

编　号				4-034	4-035	4-036	4-037	4-038	4-039	4-040	4-041
项目名称				百叶风口　周长（mm）							
				900 以内	1280 以内	1800 以内	2500 以内	3300 以内	4800 以内	6000 以内	7000 以内
单　位				个							
总价（元）				**27.30**	**34.75**	**66.19**	**77.71**	**88.99**	**115.86**	**148.70**	**175.93**
其中	人工费（元）			24.57	31.32	61.43	71.15	80.46	104.63	134.73	159.57
	材料费（元）			2.60	3.30	4.63	6.43	8.40	11.10	13.84	16.19
	机械费（元）			0.13	0.13	0.13	0.13	0.13	0.13	0.13	0.17
名　称		单位	单价（元）	消　耗　量							
人工	综合工日	工日	135.00	0.182	0.232	0.455	0.527	0.596	0.775	0.998	1.182
材料	百叶风口	个	—	（1.000）	（1.000）	（1.000）	（1.000）	（1.000）	（1.000）	（1.000）	（1.000）
	扁钢 59mm 以内	kg	3.67	0.610	0.800	1.130	1.570	2.070	2.790	3.480	4.070
	精制六角带帽螺栓 M（2~5）×（4~20）	10 套	0.60	0.600	0.600	0.800	1.110	1.341	1.432	1.784	2.090
机械	中小型机械费	元	—	0.13	0.13	0.13	0.13	0.13	0.13	0.13	0.17

工作内容：场内搬运、对口、上螺栓、制垫、加垫、找正、找平、固定、试动、调整。

编　号				4–042	4–043	4–044
项目名称				矩形送风口 周长（mm）		
				400 以内	600 以内	800 以内
单　位				个		
总价（元）				**27.36**	**33.79**	**41.37**
其中	人工费（元）			22.68	28.89	36.32
	材料费（元）			4.68	4.90	5.05
名　称		单位	单价（元）	消　耗　量		
人工	综合工日	工日	135.00	0.168	0.214	0.269
材料	矩形送风口	个	—	（1.000）	（1.000）	（1.000）
	扁钢 59mm 以内	kg	3.67	0.120	0.180	0.220
	垫圈 M2~8	10 个	0.30	0.400	0.400	0.400
	六角螺栓带螺母 M8×75	10 套	6.10	0.400	0.400	0.400
	铜蝶形螺母 M8	10 个	4.20	0.400	0.400	0.400

工作内容: 场内搬运、对口、上螺栓、制垫、加垫、找正、找平、固定、试动、调整。

编号				4-045	4-046	4-047	4-048	4-049
项目名称				矩形空气分布器 周长(mm)			旋转吹风口 直径(mm)	
				1200 以内	1500 以内	2100 以内	320 以内	450 以内
单位				个				
总价(元)				**91.76**	**108.25**	**131.65**	**93.53**	**151.39**
其中	人工费(元)			80.46	94.37	112.46	71.42	118.67
	材料费(元)			11.30	13.88	19.19	22.11	32.72
名称		单位	单价(元)	消耗量				
人工	综合工日	工日	135.00	0.596	0.699	0.833	0.529	0.879
材料	矩形空气分布器	个	—	(1.000)	(1.000)	(1.000)	—	—
	旋转吹风口	个	—	—	—	—	(1.000)	(1.000)
	石棉橡胶板 高压 δ1~6	kg	23.57	—	—	—	0.760	1.210
	橡胶板 δ1~3	kg	11.26	0.160	0.220	0.270	—	—
	六角螺母 M6~10	10 个	0.90	—	—	—	0.600	0.600
	六角螺栓带螺母 M6×75	10 套	9.50	1.000	1.200	1.700	—	—
	六角螺栓带螺母 M8×75	10 套	6.10	—	—	—	0.600	0.600

工作内容: 场内搬运、对口、上螺栓、制垫、加垫、找正、找平、固定、试动、调整。

编号				4-050	4-051	4-052	4-053	4-054	4-055
项目名称				方形散流器 周长(mm)			圆形、流线形散流器 直径(mm)		
				500 以内	1000 以内	2000 以内	200 以内	360 以内	500 以内
单位				个					
总价(元)				**34.74**	**43.54**	**61.52**	**30.82**	**55.93**	**71.87**
其中	人工费(元)			30.38	37.94	54.68	27.41	51.57	66.83
	材料费(元)			4.36	5.60	6.84	3.41	4.36	5.04
名称		单位	单价(元)	消耗量					
人工	综合工日	工日	135.00	0.225	0.281	0.405	0.203	0.382	0.495
材料	散流器	个	—	(1.000)	(1.000)	(1.000)	(1.000)	(1.000)	(1.000)
	橡胶板 δ1~3	kg	11.26	0.050	0.160	0.270	0.050	0.050	0.110
	六角螺栓带螺母 M6×75	10 套	9.50	0.400	0.400	0.400	0.300	0.400	0.400

工作内容：场内搬运、对口、上螺栓、制垫、加垫、找正、找平、固定、试动、调整。

编号				4-056	4-057	4-058	4-059	4-060	4-061
项目名称				带调节阀（过滤器）百叶风口安装 周长（mm）					
				800 以内	1200 以内	1800 以内	2400 以内	3200 以内	4000 以内
单位				个					
总价（元）				**57.79**	**69.01**	**105.49**	**140.72**	**188.50**	**215.08**
其中	人工费（元）			47.79	56.43	86.67	115.56	154.98	173.21
	材料费（元）			10.00	12.58	18.82	25.16	33.52	41.87
名称		单位	单价（元）	消耗量					
人工	综合工日	工日	135.00	0.354	0.418	0.642	0.856	1.148	1.283
材料	带调节阀（过滤器）百叶风口	个	—	（1.000）	（1.000）	（1.000）	（1.000）	（1.000）	（1.000）
	镀锌角钢 60mm 以内	kg	4.59	1.790	2.150	3.220	4.300	5.730	7.160
	橡胶板 $\delta 1\sim 3$	kg	11.26	0.120	0.180	0.270	0.360	0.480	0.600
	自攻螺钉 M4 × 12	10 个	0.60	0.728	1.144	1.664	2.288	3.016	3.744

工作内容：场内搬运、对口、上螺栓、制垫、加垫、找正、找平、固定、试动、调整。

编号				4–062	4–063	4–064	4–065	4–066
项目名称				带调节阀散流器安装（圆形）直径（mm）				
				150 以内	200 以内	250 以内	300 以内	350 以内
单位				个				
总价（元）				**46.42**	**57.71**	**72.56**	**85.79**	**99.54**
其中	人工费（元）			36.59	47.79	62.10	73.58	86.67
	材料费（元）			9.83	9.92	10.46	12.21	12.87
名称		单位	单价（元）	消耗量				
人工	综合工日	工日	135.00	0.271	0.354	0.460	0.545	0.642
材料	带调节阀散流器	个	—	（1.000）	（1.000）	（1.000）	（1.000）	（1.000）
	镀锌角钢 60mm 以内	kg	4.59	1.790	1.790	1.790	2.150	2.150
	橡胶板 δ1~3	kg	11.26	0.110	0.110	0.150	0.150	0.200
	木螺钉 M4×65 以下	10 个	0.90	0.420	0.520	0.620	0.730	0.830

工作内容：场内搬运、对口、上螺栓、制垫、加垫、找正、找平、固定、试动、调整。

编号				4-067	4-068	4-069
项目名称				带调节阀散流器安装（圆形）直径（mm）		
				400以内	450以内	500以内
单位				个		
总价（元）				**108.87**	**114.54**	**136.87**
其中	人工费（元）			90.99	95.45	112.73
	材料费（元）			17.88	19.09	24.14
名称		单位	单价（元）	消耗量		
人工	综合工日	工日	135.00	0.674	0.707	0.835
材料	带调节阀散流器	个	—	（1.000）	（1.000）	（1.000）
	镀锌角钢 60mm 以内	kg	4.59	3.220	3.220	4.300
	橡胶板 δ1~3	kg	11.26	0.200	0.300	0.300
	木螺钉 M4×65 以下	10个	0.90	0.940	1.040	1.140

工作内容：场内搬运、对口、上螺栓、制垫、加垫、找正、找平、固定、试动、调整。

编号				4-070	4-071	4-072	4-073
项目名称				带调节阀散流器安装（方形、矩形）周长（mm）			
				800 以内	1200 以内	1800 以内	2400 以内
单位				个			
总价（元）				**75.48**	**93.28**	**112.94**	**163.39**
其中	人工费（元）			63.59	77.90	90.99	134.46
	材料费（元）			11.89	15.38	21.95	28.93
名称		单位	单价（元）	消耗量			
人工	综合工日	工日	135.00	0.471	0.577	0.674	0.996
材料	带调节阀散流器	个	—	（1.000）	（1.000）	（1.000）	（1.000）
	镀锌角钢 60mm 以内	kg	4.59	1.790	2.150	3.220	4.300
	橡胶板 δ1~3	kg	11.26	0.260	0.390	0.520	0.650
	木螺钉 M4×65 以下	10 个	0.90	0.830	1.250	1.460	2.080

工作内容：场内搬运、对口、上螺栓、制垫、加垫、找正、找平、固定、试动、调整。

编号				4–074	4–075	4–076	4–077
项目名称				送吸风口 周长（mm）			
				1000 以内	1600 以内	2000 以内	4000 以内
单位				个			
总价（元）				**48.92**	**54.06**	**56.09**	**68.21**
其中	人工费（元）			42.66	47.12	49.41	59.67
	材料费（元）			6.26	6.94	6.68	8.54
名称		单位	单价（元）	消耗量			
人工	综合工日	工日	135.00	0.316	0.349	0.366	0.442
材料	送吸风口	个	—	（1.000）	（1.000）	（1.000）	（1.000）
	橡胶板 δ1~3	kg	11.26	0.050	0.110	0.160	0.325
	六角螺栓带螺母 M6×75	10 套	9.50	0.600	0.600	—	—
	六角螺栓带螺母 M8×75	10 套	6.10	—	—	0.800	0.800

工作内容：场内搬运、对口、上螺栓、制垫、加垫、找正、找平、固定、试动、调整。

编　号				4–078	4–079	4–080
项目名称				活动箅式风口 周长（mm）		
				1330 以内	1910 以内	2590 以内
单　位				个		
总价（元）				**54.56**	**64.00**	**81.06**
其中	人工费（元）			53.06	62.37	79.11
	材料费（元）			1.16	1.25	1.52
	机械费（元）			0.34	0.38	0.43
名　称		单位	单价（元）	消　耗　量		
人工	综合工日	工日	135.00	0.393	0.462	0.586
材料	活动箅式风口	个	—	（1.000）	（1.000）	（1.000）
	圆钢 D10~14	kg	3.93	0.020	0.020	0.020
	铁柳钉	kg	9.22	0.020	0.020	0.020
	半圆头螺钉 M4 × 6	10 套	0.90	1.000	1.100	1.400
机械	中小型机械费	元	—	0.34	0.38	0.43

工作内容：场内搬运、对口、上螺栓、制垫、加垫、找正、找平、固定、试动、调整。

编号				4-081	4-082	4-083	4-084
项目名称				网式风口 周长(mm)			
				900 以内	1500 以内	2000 以内	2600 以内
单位				个			
总价(元)				**19.94**	**24.53**	**26.12**	**29.49**
其中	人工费(元)			19.58	24.17	25.52	28.89
	材料费(元)			0.36	0.36	0.60	0.60
名称		单位	单价(元)	消耗量			
人工	综合工日	工日	135.00	0.145	0.179	0.189	0.214
材料	网式风口	个	—	(1.000)	(1.000)	(1.000)	(1.000)
	精制六角带帽螺栓 M(2~5)×(4~20)	10 套	0.60	0.600	0.600	1.000	1.000

工作内容：场内搬运、对口、上螺栓、制垫、加垫、找正、找平、固定、试动、调整。

编号				4–085	4–086	4–087	4–088
项目名称				钢百叶窗 框内面积（m^2）			
				0.5 以内	1.0 以内	2.0 以内	4.0 以内
单位				个			
总价（元）				**55.54**	**80.72**	**140.02**	**150.46**
其中	人工费（元）			49.95	74.52	129.20	136.89
	材料费（元）			5.59	6.20	10.82	13.57
名称		单位	单价（元）	消耗量			
人工	综合工日	工日	135.00	0.370	0.552	0.957	1.014
材料	钢百叶窗	个	—	（1.000）	（1.000）	（1.000）	（1.000）
	扁钢 59mm 以内	kg	3.67	0.210	0.310	0.410	0.510
	精制六角带帽螺栓 M（2~5）×（4~20）	10 套	0.60	1.700	2.100	2.500	3.300
	六角螺栓带螺母 M6×75	10 套	9.50	0.400	0.400	0.800	1.000
	木螺钉 M6×100	10 个	2.20	—	—	0.100	0.100

工作内容：场内运输、开箱检查、除污锈、就位、上螺栓、固定、试动。

编　　号				4-089	4-090	4-091	4-092
项目名称				板式排烟口 周长（mm）			
				800 以内	1280 以内	1600 以内	2000 以内
单　　位				个			
总价（元）				**37.23**	**46.54**	**54.43**	**63.63**
其中	人工费（元）			36.32	45.63	53.06	60.89
	材料费（元）			0.91	0.91	1.37	2.74
名　　称		单位	单价（元）	消　耗　量			
人工	综合工日	工日	135.00	0.269	0.338	0.393	0.451
材料	板式排烟口	个	—	（1.000）	（1.000）	（1.000）	（1.000）
	橡胶板	kg	11.26	0.080	0.080	0.120	0.240
	六角螺栓带螺母 M6×75 以下	10 套	3.00	0.004	0.004	0.006	—
	六角螺栓带螺母 M8×75	套	0.61	—	—	—	0.062

工作内容：场内运输、开箱检查、除污锈、就位、上螺栓、固定、试动。

编号					4-093	4-094	4-095
项目名称					板式排烟口 周长(mm)		
					2800以内	3200以内	4000以内
单位					个		
总价(元)					**85.15**	**99.23**	**132.13**
其中	人工费(元)				81.95	95.58	127.58
	材料费(元)				3.20	3.65	4.55
名称			单位	单价(元)	消耗量		
人工	综合工日		工日	135.00	0.607	0.708	0.945
材料	板式排烟口		个	—	(1.000)	(1.000)	(1.000)
	橡胶板		kg	11.26	0.280	0.320	0.400
	六角螺栓带螺母 M8×75		套	0.61	0.083	0.083	0.083

工作内容：场内运输、开箱检查、除污锈、就位、上螺栓、固定、试动。

编号				4–096	4–097	4–098	4–099
项目名称				多叶排烟口（送风口）周长（mm）			
				1200 以内	2000 以内	2600 以内	3200 以内
单位				个			
总价（元）				**31.14**	**31.58**	**34.73**	**38.23**
其中	人工费（元）			27.41	27.41	30.38	33.48
	材料费（元）			3.60	4.04	4.22	4.62
	机械费（元）			0.13	0.13	0.13	0.13
名称		单位	单价（元）	消耗量			
人工	综合工日	工日	135.00	0.203	0.203	0.225	0.248
材料	多叶排烟口（送风口）	个	—	（1.000）	（1.000）	（1.000）	（1.000）
	扁钢 59mm 以内	kg	3.67	0.470	0.590	0.640	0.750
	半圆头螺栓带螺母 M5 × 15	10 套	3.00	0.624	0.624	0.624	0.624
机械	中小型机械费	元	—	0.13	0.13	0.13	0.13

工作内容：场内运输、开箱检查、除污锈、就位、上螺栓、固定、试动。

编　　号				4–100	4–101	4–102	4–103
项目名称				多叶排烟口（送风口）周长（mm）			
				3800	4400	4800	5200
单　　位				个			
总价（元）				**41.37**	**45.64**	**47.70**	**49.65**
其中	人工费（元）			36.32	39.42	41.04	42.66
	材料费（元）			4.92	6.09	6.53	6.86
	机械费（元）			0.13	0.13	0.13	0.13
名　　称		单位	单价（元）	消　耗　量			
人工	综合工日	工日	135.00	0.269	0.292	0.304	0.316
材料	多叶排烟口（送风口）	个	—	（1.000）	（1.000）	（1.000）	（1.000）
	扁钢 59mm 以内	kg	3.67	0.830	0.980	1.100	1.190
	半圆头螺栓带螺母 M5×15	10 套	3.00	0.624	0.832	0.832	0.832
机械	中小型机械费	元	—	0.13	0.13	0.13	0.13

第四节　铝制孔板口安装

工作内容：场内搬运、制垫、加垫、找正、找平、固定。

编　　号				4–104	4–105	4–106	4–107
项目名称				百叶风口　周长（mm）			
				900 以内	1280 以内	1800 以内	2500 以内
单　　位				个			
总价（元）				**33.05**	**44.91**	**69.21**	**89.84**
其中	人工费（元）			19.85	25.11	49.41	56.84
	材料费（元）			13.20	19.80	19.80	33.00
名　　称		单位	单价（元）	消　耗　量			
人工	综合工日	工日	135.00	0.147	0.186	0.366	0.421
材料	铝制孔板风口	个	—	（1.000）	（1.000）	（1.000）	（1.000）
	镀锌木螺钉　M6×100	10 个	3.30	4.000	6.000	6.000	10.000

工作内容：场内搬运、制垫、加垫、找正、找平、固定。

编　　号				4-108	4-109	4-110	4-111
项目名称				百叶风口　周长（mm）			
				3300 以内	4800 以内	6000 以内	7000 以内
单　　位				个			
总价（元）				**110.46**	**149.84**	**186.93**	**213.38**
其中	人工费（元）			64.26	83.84	107.73	127.58
	材料费（元）			46.20	66.00	79.20	85.80
名　　称		单位	单价（元）	消　耗　量			
人工	综合工日	工日	135.00	0.476	0.621	0.798	0.945
材料	铝制孔板风口	个	—	（1.000）	（1.000）	（1.000）	（1.000）
	镀锌木螺钉　M6×100	10 个	3.30	14.000	20.000	24.000	26.000

第五节　碳钢风帽制作、安装

工作内容：1. 制作：放样、下料、卷制、咬口，制作法兰、零件，钻孔、柳焊、组装。2. 安装：找正、找平、制垫、加垫、上螺栓、拉筝绳、固定。

编　　号				4–112	4–113	4–114	4–115	4–116	4–117
项目名称				圆伞形风帽　质量(kg)			锥形风帽　质量(kg)		
				≤ 10	≤ 50	>50	≤ 25	≤ 100	>100
单　　位				100kg					
总价(元)				**2774.82**	**1403.30**	**1030.01**	**2188.91**	**1503.35**	**1297.82**
其中	人工费(元)			2249.10	910.17	552.96	1577.07	979.02	807.03
	材料费(元)			505.66	483.99	470.69	581.32	506.47	484.86
	机械费(元)			20.06	9.14	6.36	30.52	17.86	5.93
名　　称		单位	单价（元）	消　耗　量					
人工	综合工日	工日	135.00	16.660	6.742	4.096	11.682	7.252	5.978
材料	热轧薄钢板　δ1.0~1.5	kg	3.69	82.740	96.060	101.500	98.830	105.760	114.580
	角钢　60mm	kg	3.72	21.050	14.340	10.660	6.380	5.440	4.170
	扁钢　59mm 以内	kg	3.67	13.890	8.780	8.350	14.810	10.580	5.020
	圆钢　*D*5.5~9.0	kg	3.90	—	1.960	2.150	—	—	—
	橡胶板　δ1~3	kg	11.26	1.080	0.760	0.380	3.780	0.270	0.160
	六角螺栓带螺母　M8×75 以下	10 套	5.90	8.173	3.902	1.653	5.485	3.066	0.967
	垫圈　M2~8	10 个	0.30	8.331	3.977	1.684	5.590	3.125	0.960
	低碳钢焊条　J422　*D*3.2	kg	3.60	1.570	0.280	0.110	1.380	0.790	0.280
	碳钢气焊条　*D*2 以内	kg	15.58	0.100	0.100	0.100	2.110	1.180	0.700
	乙炔气	kg	14.66	0.043	0.043	0.043	1.061	0.609	0.370
	氧气	m^3	2.88	0.120	0.120	0.120	2.970	1.710	1.040
机械	中小型机械费	元	—	20.06	9.14	6.36	30.52	17.86	5.93

工作内容：1. 制作：放样、下料、卷制、咬口，制作法兰、零件，钻孔、柳焊、组装。2. 安装：找正、找平、制垫、加垫、上螺栓、拉筝绳、固定。

编号					4-118	4-119	4-120
项目名称					筒形风帽 质量（kg）		
					≤ 50	≤ 100	>100
单位					100kg		
总价（元）					**1604.87**	**898.37**	**876.19**
其中	人工费（元）				1132.52	459.14	444.56
	材料费（元）				465.29	436.29	429.92
	机械费（元）				7.06	2.94	1.71
名称		单位	单价（元）		消耗量		
人工	综合工日	工日	135.00		8.389	3.401	3.293
材料	热轧薄钢板 δ1.0~1.5	kg	3.69		75.750	84.700	84.620
	角钢 60mm	kg	3.72		7.270	17.890	16.630
	扁钢 59mm 以内	kg	3.67		25.970	7.070	7.750
	圆钢 D5.5~9.0	kg	3.90		—	1.000	1.830
	橡胶板 δ1~3	kg	11.26		0.380	0.220	0.160
	六角螺栓带螺母 M6×75 以下	10 套	3.00		16.923	—	—
	六角螺栓带螺母 M8×75 以下	10 套	5.90		—	3.698	2.738
	垫圈 M2~8	10 个	0.30		17.290	3.231	2.391
	低碳钢焊条 J422 D3.2	kg	3.60		0.010	0.010	0.010
	碳钢气焊条 D2 以内	kg	15.58		0.070	0.080	0.060
	乙炔气	kg	14.66		0.030	0.035	0.026
	氧气	m^3	2.88		0.080	0.100	0.070
	铁柳钉	kg	9.22		0.150	—	—
机械	中小型机械费	元	—		7.06	2.94	1.71

工作内容：1. 制作：放样、下料、卷圆、咬口、柳焊、制法兰及零件、钻孔、组装。2. 安装：找正、找平、加垫、上螺栓、固定。

编号				4–121	4–122
项目名称				筒形风帽滴水盘制作、安装 质量(kg)	
				≤ 15	>15
单位				100kg	
总价(元)				**2734.26**	**1577.57**
其中	人工费(元)			2152.58	1067.72
	材料费(元)			563.79	500.29
	机械费(元)			17.89	9.56
名称		单位	单价(元)	消耗量	
人工	综合工日	工日	135.00	15.945	7.909
材料	热轧薄钢板 δ1.0~1.5	kg	3.69	87.550	93.120
	角钢 60mm	kg	3.72	21.120	18.120
	扁钢 59mm 以内	kg	3.67	12.230	7.130
	圆钢 *D*5.5~9.0	kg	3.90	—	5.980
	橡胶板 δ1~3	kg	11.26	0.590	0.590
	六角螺栓带螺母 M6×75 以下	10 套	3.00	23.305	7.927
	焊接钢管 *DN*15	kg	3.88	1.160	0.310
	低碳钢焊条 J422 *D*3.2	kg	3.60	0.150	0.150
	碳钢气焊条 *D*2 以内	kg	15.58	1.400	0.300
	乙炔气	kg	14.66	0.610	0.130
	氧气	m^3	2.88	1.710	0.360
机械	中小型机械费	元	—	17.89	9.56

工作内容：1. 制作：放样、下料、卷圆、咬口、焊接、钻孔、组装。2. 安装：找正、找平、固定。

编　号				4–123	4–124
项目名称				风帽筝绳制作、安装	风帽泛水制作、安装
单　位				100kg	m^2
总价（元）				**1364.01**	**220.41**
其中	人工费（元）			661.50	137.57
	材料费（元）			695.62	82.80
	机械费（元）			6.89	0.04
名　称		单位	单价（元）	消　耗　量	
人工	综合工日	工日	135.00	4.900	1.019
材料	扁钢 59mm 以内	kg	3.67	43.200	1.780
	圆钢 D10~14	kg	3.93	60.800	—
	六角螺栓带螺母 M8×75 以下	10 套	5.90	4.760	0.400
	垫圈 M10~20	10 个	1.40	10.480	—
	花篮螺栓 M6×120	个	5.35	47.600	—
	低碳钢焊条 J422 D3.2	kg	3.60	0.200	—
	橡胶板 δ1~3	kg	11.26	—	2.700
	镀锌薄钢板 δ0.75	m^2	27.53	—	1.420
	油灰	kg	2.94	—	1.500
机械	中小型机械费	元	—	6.89	0.04

第六节　铝板风帽、法兰制作、安装

工作内容：1. 制作：下料、平料、开孔、钻孔，组对、焊柳、攻丝、清洗焊口、组装固定，试动、短管、零件、试漏。2. 安装：制垫、加垫、找平、找正、组对、固定。

编　　号				4–125	4–126	4–127	4–128	4–129
项目名称				圆伞形风帽	圆形法兰（气焊、手工氩弧焊） 质量（kg）		矩形法兰（气焊、手工氩弧焊） 质量（kg）	
					≤ 3	>3	≤ 3	>3
单　　位				100kg				
总价（元）				**4638.60**	**16772.08**	**9533.05**	**11467.32**	**7247.62**
其中	人工费（元）			2354.94	6958.98	2593.08	6839.91	2632.77
	材料费（元）			2198.86	5665.11	5576.37	3675.30	4181.06
	机械费（元）			84.80	4147.99	1363.60	952.11	433.79
名　　称		单位	单价（元）	消　耗　量				
人工	综合工日	工日	135.00	17.444	51.548	19.208	50.666	19.502
材料	铝板（各种规格）	kg	20.81	71.470	220.000	234.000	—	—
	铝带	kg	21.22	30.190	—	—	82.700	89.600
	铝六角螺栓带螺母 M（6~10）× 25	套	0.35	81.730	370.400	135.400	684.900	269.400
	铝垫圈	10 个	2.20	8.331	—	—	—	—
	橡胶板　δ1~3	kg	11.26	1.080	—	—	—	—
	铝焊丝　丝 301　D3.0	kg	47.38	0.100	4.700	4.600	12.300	9.100
	铝焊粉	kg	41.32	0.150	2.800	2.100	8.200	7.100
	乙炔气	kg	14.66	0.040	6.040	4.220	1.350	8.480
	氧气	m^3	2.88	0.110	16.910	11.820	3.780	23.740
	铝焊丝　丝 301　D4.0	kg	47.38	—	—	—	5.500	10.100
	氩气	m^3	18.60	—	13.000	7.000	3.100	27.600
	耐酸橡胶板　δ3	kg	17.38	—	13.800	7.400	23.600	15.900
机械	中小型机械费	元	—	84.80	4147.99	1363.60	952.11	433.79

第七节　玻璃钢风帽安装

工作内容：组对、组装就位、找平、找正、制垫、加垫、上螺栓、拉筝绳、固定。

编号				4–130	4–131	4–132	4–133	4–134	4–135
项目名称				圆伞形风帽安装 质量（kg）		锥形风帽安装 质量（kg）		筒形风帽安装 质量（kg）	
				≤ 10	>10	≤ 25	>25	≤ 50	>50
单位				100kg					
总价（元）				**742.06**	**309.80**	**512.09**	**315.42**	**398.15**	**170.87**
其中	人工费（元）			660.15	267.30	463.05	287.15	333.45	135.00
	材料费（元）			77.00	40.15	46.73	27.03	57.65	31.86
	机械费（元）			4.91	2.35	2.31	1.24	7.05	4.01
名称		单位	单价（元）	消耗量					
人工	综合工日	工日	135.00	4.890	1.980	3.430	2.127	2.470	1.000
材料	玻璃钢管道部件	个	—	（1.000）	（1.000）	（1.000）	（1.000）	（1.000）	（1.000）
	六角螺栓带螺母 M8×75 以下	10 套	5.90	10.570	5.050	7.100	3.970	8.950	4.790
	橡胶板 δ1~3	kg	11.26	1.300	0.920	0.430	0.320	0.430	0.320
机械	中小型机械费	元	—	4.91	2.35	2.31	1.24	7.05	4.01

第八节　罩类制作、安装

工作内容：1. 场内搬运、制作：放样、锯切、坡口、制作套管及伸缩圈、加热成型、焊接。2. 安装：找平、找正、连接、固定。

编号				4-136	4-137	4-138	4-139	4-140	4-141	4-142
项目名称				中、小型零件焊接台排气罩	整体、分组式槽边侧吸罩	吹、吸式槽边通风罩	各型风罩调节阀	条缝槽边抽风罩	泥心烘炉排气罩	升降式回转排气罩
单位				100kg						
总价（元）				**2329.90**	**2401.43**	**2435.14**	**2393.00**	**2484.48**	**2646.90**	**5996.70**
其中	人工费（元）			1863.81	1874.48	1897.29	1608.12	1900.26	2023.52	5574.56
	材料费（元）			458.48	481.33	488.91	416.30	535.28	596.21	420.65
	机械费（元）			7.61	45.62	48.94	368.58	48.94	27.17	1.49
名称		单位	单价（元）	消耗量						
人工	综合工日	工日	135.00	13.806	13.885	14.054	11.912	14.076	14.989	41.293
材料	扁钢 59mm 以内	kg	3.67	—	—	—	2.170	—	—	19.220
	槽钢 5#~16#	kg	3.59	—	—	—	—	—	39.560	—
	角钢 60mm	kg	3.72	26.810	10.430	11.480	48.700	8.680	25.100	25.040
	角钢 63mm	kg	3.47	—	—	—	—	—	3.020	—
	圆钢 D5.5~9.0	kg	3.90	—	—	—	—	—	—	0.240
	圆钢 D10~14	kg	3.93	—	—	—	—	—	—	2.400
	圆钢 D15~24	kg	3.89	—	—	—	1.910	—	—	—
	热轧薄钢板 δ1.0~1.5	kg	3.69	89.180	—	—	—	—	39.300	63.830
	热轧薄钢板 δ2.0~2.5	kg	3.72	—	99.140	97.990	35.340	—	—	—

续前

编号				4-136	4-137	4-138	4-139	4-140	4-141	4-142
项目名称				中、小型零件焊接台排气罩	整体、分组式槽边侧吸罩	吹、吸式槽边通风罩	各型风罩调节阀	条缝槽边抽风罩	泥心烘炉排气罩	升降式回转排气罩
单位				100kg						
名称		单位	单价（元）	消耗量						
材料	热轧薄钢板 δ2.6~3.2	kg	3.72	—	—	—	—	111.810	—	—
	低碳钢焊条 J422 *D*3.2	kg	3.60	0.900	1.200	1.600	2.700	5.900	0.100	—
	垫圈 M2~8	10 个	0.30	—	—	—	3.400	—	—	—
	垫圈 M10~20	10 个	1.40	—	—	—	1.700	—	—	—
	普通石棉布	kg	22.21	—	—	—	—	—	9.100	—
	石棉橡胶板 高压 δ1~6	kg	23.57	0.700	—	—	—	—	—	—
	橡胶板 δ4~15	kg	10.83	—	0.500	0.600	2.300	0.600	—	—
	氧气	m^3	2.88	—	7.060	7.310	4.260	7.310	—	—
	乙炔气	kg	14.66	—	2.520	2.610	1.520	2.610	—	—
	镀锌六角螺母 M10	10 个	1.70	—	—	—	—	—	1.678	—
	六角螺母 M6~10	10 个	0.90	—	—	—	0.850	—	—	2.922
	六角螺栓 M8×20	10 个	2.40	3.257	—	—	—	—	—	—
	六角螺栓 M10×25	10 个	3.30	—	—	—	—	—	—	0.956
	六角螺栓带螺母 M6×75 以下	10 套	3.00	—	2.240	3.370	3.336	—	—	—
	六角螺栓带螺母 M8×75 以下	10 套	5.90	—	—	—	0.834	—	—	—
	铁柳钉	kg	9.22	0.230	—	—	—	—	—	0.350
	铜蝶形螺母 M8	10 个	4.20	—	—	—	—	—	—	0.488
机械	中小型机械费	元	—	7.61	45.62	48.94	368.58	48.94	27.17	1.49

工作内容：1. 场内搬运、制作：放样、锯切、坡口、制作套管及伸缩圈、加热成型、焊接。2. 安装：找平、找正、连接、固定。

编　号				4–143	4–144	4–145	4–146
项目名称				上、下吸式圆形回转罩		升降式排气罩	手锻炉排气罩
				墙上、混凝土柱上	钢柱上		
单　位				100kg			
总价（元）				**1652.30**	**1152.48**	**1505.16**	**1270.68**
其中	人工费（元）			1238.49	565.92	1054.35	824.58
	材料费（元）			410.50	580.67	360.20	417.02
	机械费（元）			3.31	5.89	90.61	29.08
名　称		单位	单价（元）	消　耗　量			
人工	综合工日	工日	135.00	9.174	4.192	7.810	6.108
材料	扁钢 59mm 以内	kg	3.67	0.740	0.370	4.750	0.120
	槽钢 $5^{\#}$~$16^{\#}$	kg	3.59	3.880	35.710	—	—
	角钢 60mm	kg	3.72	41.390	16.210	9.060	9.950
	角钢 63mm	kg	3.47	17.390	1.460	—	—
	热轧薄钢板 δ1.0~1.5	kg	3.69	45.300	23.090	21.870	—
	热轧薄钢板 δ2.0~2.5	kg	3.72	—	—	28.900	99.230
	热轧厚钢板 δ8.0~20.0	kg	5.16	—	35.430	—	—
	圆钢 D5.5~9.0	kg	3.90	—	—	0.980	0.100

编号				4-143	4-144	4-145	4-146
项目名称				上、下吸式圆形回转罩		升降式排气罩	手锻炉排气罩
				墙上、混凝土柱上	钢柱上		
单位				100kg			
名称		单位	单价（元）	消耗量			
材料	圆钢 D10~14	kg	3.93	—	—	0.880	—
	圆钢 D15~24	kg	3.89	0.190	0.090	—	—
	圆钢 D32 以外	kg	3.74	—	—	1.480	—
	低碳钢焊条 J422 D3.2	kg	3.60	0.200	0.200	0.100	1.100
	垫圈 M10~20	10 个	1.40	—	—	0.375	—
	钢丝绳 D4.2	kg	6.67	—	—	0.430	—
	焊接钢管 DN25	kg	3.85	1.650	—	—	—
	混凝土 C15	m^3	439.88	—	0.260	—	—
	开口销 1~5	10 个	1.10	0.086	—	0.375	—
	橡胶板 δ1~3	kg	11.26	—	—	—	0.540
	铸铁	kg	2.58	—	—	40.130	—
	六角螺母 M6~10	10 个	0.90	—	—	0.375	—
	六角螺栓带螺母 M8×75 以下	10 套	5.90	0.759	0.387	—	—
机械	中小型机械费	元	—	3.31	5.89	90.61	29.08

第九节 消声器安装

工作内容：场内搬运、吊托支架制作与安装、组对、安装、找正、找平、制垫、上螺栓、固定。

编号				4-147	4-148	4-149	4-150	4-151	4-152
项目名称				微穿孔板消声器安装 周长（mm）					
				1800 以内	2400 以内	3200 以内	4000 以内	5000 以内	6000 以内
单位				节					
总价（元）				**261.60**	**353.95**	**466.33**	**658.89**	**816.81**	**967.79**
其中	人工费（元）			196.56	279.05	357.08	476.96	607.10	745.88
	材料费（元）			65.04	74.90	109.25	181.93	209.71	221.91
名称		单位	单价（元）	消耗量					
人工	综合工日	工日	135.00	1.456	2.067	2.645	3.533	4.497	5.525
材料	槽钢 $5^{\#}$~$16^{\#}$	kg	3.59	—	—	—	31.570	35.750	38.170
	角钢 60mm	kg	3.72	8.130	9.590	14.130	—	—	—
	圆钢 D10~14	kg	3.93	—	—	—	9.260	10.730	10.730
	圆钢（综合）	t	3875.42	0.005	0.005	0.008	—	—	—
	橡胶板 δ1~3	kg	11.26	0.410	0.695	0.985	1.370	1.825	2.026
	镀锌六角螺栓带螺母 M8×（16~25）	套	0.30	13.520	17.580	23.920	31.200	37.440	41.600
	六角螺母 M6~10	10个	0.90	0.424	0.424	—	—	—	—
	六角螺母 M12~16	10个	0.32	—	—	0.424	0.424	0.424	0.424
	膨胀螺栓 M10	10套	15.30	0.416	0.416	—	—	—	—
	膨胀螺栓 M12	套	1.75	—	—	4.160	4.160	4.160	4.160

工作内容：场内搬运、吊托支架制作与安装、组对、安装、找正、找平、制垫、上螺栓、固定。

编号				4-153	4-154	4-155	4-156	4-157
项目名称				阻抗式消声器安装 周长（mm）				
				2200 以内	2400 以内	3000 以内	4000 以内	5800 以内
单位				节				
总价（元）				**313.12**	**427.45**	**552.88**	**750.39**	**1137.58**
其中	人工费（元）			250.16	354.24	450.90	628.83	933.66
	材料费（元）			62.96	73.21	101.98	121.56	203.92
名称		单位	单价（元）	消耗量				
人工	综合工日	工日	135.00	1.853	2.624	3.340	4.658	6.916
材料	槽钢 5#~16#	kg	3.59	—	—	—	—	34.010
	角钢 60mm	kg	3.72	8.070	9.320	13.070	16.010	—
	圆钢 *D*8~14	kg	3.91	4.510	5.160	—	—	—
	圆钢 *D*10~14	kg	3.93	—	—	8.140	9.260	10.730
	橡胶板 δ1~3	kg	11.26	0.400	0.533	0.630	0.840	1.810
	镀锌六角螺栓带螺母 M8×（16~25）	套	0.30	13.520	18.720	22.880	29.120	39.520
	六角螺母 M6~10	10 个	0.90	0.424	0.424	—	—	—
	六角螺母 M12~16	10 个	0.32	—	—	0.424	0.424	0.424
	膨胀螺栓 M10	10 套	15.30	0.416	0.416	—	—	—
	膨胀螺栓 M12	套	1.75	—	—	4.160	4.160	4.160

工作内容：场内搬运、吊托支架制作与安装、组对、安装、找正、找平、制垫、上螺栓、固定。

编　号				4–158	4–159	4–160	4–161
项目名称				管式消声器安装 周长(mm)			
				1280 以内	2400 以内	3200 以内	4000 以内
单　位				节			
总价(元)				**175.00**	**265.14**	**333.50**	**408.83**
其中	人工费(元)			143.24	203.85	261.63	325.35
	材料费(元)			31.76	61.29	71.87	83.48
名　称		单位	单价(元)	消　耗　量			
人工	综合工日	工日	135.00	1.061	1.510	1.938	2.410
材料	角钢 60mm	kg	3.72	3.460	7.140	7.550	9.320
	圆钢 *D*8~14	kg	3.91	2.500	3.870	5.160	5.160
	橡胶板 δ1~3	kg	11.26	0.310	0.720	0.910	1.190
	镀锌六角螺栓带螺母 M6 × (16~25)	10 套	2.00	1.248	—	—	—
	镀锌六角螺栓带螺母 M8 × (16~25)	套	0.30	—	16.640	22.880	29.120
	金属膨胀螺栓 M8	套	0.66	4.160	—	—	—
	六角螺母 M6~10	10 个	0.90	0.424	—	—	—
	六角螺母 M12~16	10 个	0.32	—	0.424	0.424	0.424
	膨胀螺栓 M10	10 套	15.30	—	0.416	0.416	0.416

工作内容：场内搬运、吊托支架制作与安装、找标高、起吊、对口、找正、找平、制垫、加垫、上螺栓、固定。

编号				4–162	4–163	4–164	4–165	4–166	4–167	4–168	4–169
项目名称				消声弯头安装 周长（mm）							
				800 以内	1200 以内	1800 以内	2400 以内	3200 以内	4000 以内	6000 以内	7200 以内
单位				个							
总价（元）				**119.32**	**140.50**	**161.94**	**326.15**	**401.91**	**482.22**	**832.60**	**995.57**
其中	人工费（元）			90.18	108.95	126.90	256.77	319.55	368.28	638.82	766.67
	材料费（元）			29.14	31.55	35.04	69.38	82.36	113.94	193.78	228.90
名称		单位	单价（元）	消耗量							
人工	综合工日	工日	135.00	0.668	0.807	0.940	1.902	2.367	2.728	4.732	5.679
材料	槽钢 5#~16#	kg	3.59	—	—	—	—	—	—	31.400	36.850
	角钢 60mm	kg	3.72	3.390	3.770	4.180	7.720	9.120	13.520	—	—
	圆钢 *D*10~14	kg	3.93	—	—	—	—	—	7.410	8.520	8.520
	圆钢（综合）	kg	3.88	2.500	2.500	2.500	4.510	5.160	—	—	—
	橡胶板 δ1~3	kg	11.26	0.210	0.262	0.381	0.501	0.695	0.882	1.495	2.168
	镀锌六角螺母 M12	10 个	0.03	—	—	—	—	—	4.240	—	—
	镀锌六角螺栓带螺母 M6×（16~25）	10 套	2.00	0.832	1.040	1.352	—	—	—	—	—
	镀锌六角螺栓带螺母 M8×（30~60）	10 套	5.90	—	—	—	1.768	2.288	2.912	3.952	5.304
	六角螺母 M8	10 个	1.20	0.424	0.424	0.424	—	—	—	—	—
	六角螺母 M10	10 个	1.70	—	—	—	0.424	0.424	—	—	—
	六角螺母 M12~16	10 个	0.32	—	—	—	—	—	—	0.424	0.424
	膨胀螺栓 M8	10 套	5.50	0.416	0.416	0.416	—	—	—	—	—
	膨胀螺栓 M10	10 套	15.30	—	—	—	0.416	0.416	—	—	—
	膨胀螺栓 M12	套	1.75	—	—	—	—	—	4.160	4.160	4.160

第十节　消声静压箱安装

工作内容：场内搬运、吊装、组对、制垫、加垫、找平、找正、紧固固定。

编　号				4-170	4-171	4-172
项目名称				消声静压箱安装 展开面积（m^2）		
				5 以内	10 以内	20 以内
单　位				个		
总价（元）				**607.01**	**758.85**	**1015.60**
其中	人工费（元）			420.53	461.57	538.65
	材料费（元）			181.57	289.75	468.90
	机械费（元）			4.91	7.53	8.05
名　称		单位	单价（元）	消　耗　量		
人工	综合工日	工日	135.00	3.115	3.419	3.990
材料	耐酸橡胶板 δ3	kg	17.38	4.442	7.089	11.472
	六角螺栓带螺母 M8×75 以下	10 套	5.90	17.689	28.227	45.681
机械	中小型机械费	元	—	4.91	7.53	8.05

第十一节 静压箱制作、安装

工作内容：1. 场内搬运、制作：放样、下料、折方、咬口、开孔、制作箱体、出口短管及加固框、柳柳钉、嵌缝、焊锡。2. 安装：找标高、挂葫芦、吊装、找平、找正、固定。

编　号				4-173
项目名称				静压箱
单　位				$10m^2$
总价（元）				**2143.31**
其中	人工费（元）			1856.12
	材料费（元）			245.28
	机械费（元）			41.91
名　称		单位	单价（元）	消　耗　量
人工	综合工日	工日	135.00	13.749
材料	镀锌薄钢板 $\delta 1.0$	m^2	—	（11.490）
	角钢 60mm	kg	3.72	43.530
	白布	m^2	10.34	0.200
	白绸	m^2	4.18	0.200
	聚氯乙烯薄膜	kg	12.44	0.070
	密封胶 KS 型	kg	15.12	2.600
	塑料打包带	kg	19.85	0.100
	洗涤剂	kg	4.80	7.770
	镀锌柳钉 M4	kg	9.76	0.100
机械	中小型机械费	元	—	41.91

第五章　措 施 项 目

说　明

本章包括安全文明施工措施费（含环境保护、文明施工、安全施工、临时设施）、冬雨季施工增加费、非夜间施工照明费、竣工验收存档资料编制费、施工难度增加措施费、在有害身体健康的环境中施工降效增加费、施工用水电接通及拆除费等7项。

一、安全文明施工措施费。

安全文明施工措施费（含环境保护、文明施工、安全施工、临时设施）是指现场文明施工、安全施工所需要的各项费用和为达到环保部门要求所需要的环境保护费用，以及施工企业为进行建筑安装工程施工所必须搭设的生活和生产用的临时建筑物、构筑物及其他临时设施等的费用。

二、冬雨季施工增加费。

冬雨季施工增加费是指在冬期或雨期施工需增加的临时设施、防滑、排除雨雪，人工及施工机械效率降低等费用。

三、非夜间施工照明费。

非夜间施工照明费是指为保证工程施工正常进行，在地下室等特殊施工部位施工时所采用的照明设备的安拆、维护、摊销、照明用电及人工降效等费用。

四、竣工验收存档资料编制费。

竣工验收存档资料编制费是指按城建档案管理规定，在竣工验收后，应提交的档案资料所发生的编制费用。

五、施工难度增加措施费。

施工难度增加措施费是指由于生产车间，居民居住、营业性用房（商场、旅店、医院等）不停产、不停业、不搬迁，进行施工所引起人工效率降低而发生的费用。

六、在有害身体健康的环境中施工降效增加费。

在有害身体健康的环境中施工降效增加费是指在民法通则有关规定允许的前提下，房屋修缮工程由于车间装置范围内有害气体或高分贝的噪声超过国家标准以致影响身体健康而降效的增加费用，不包括劳保条例规定应享受的工种保健费。

七、施工用水电接通及拆除费。

施工用水电接通及拆除费是指施工现场用水用电的临时管线及施工现场以外接通和拆除临时水源、电源所消耗的人工、材料、仪表、申报等费用。

工程量计算规则

一、安全文明施工措施费（含环境保护、文明施工、安全施工、临时设施）是按综合维修考虑的，以分部分项工程费中的人工费、材料费、机械费合计为基数乘以相应费率计算。本项费用中人工费占16%。

二、冬雨季施工增加费、非夜间施工照明费、竣工验收存档资料编制费以分部分项工程费及可计量的措施项目费中的人工费、机械费合计为基数乘以相应费率计算，详见措施项目费率表。

三、施工难度增加措施费以分部分项工程费及可计量的措施项目费中的人工费的 3.49% 计取，全部为人工费。

四、在有害身体健康的环境中施工降效增加费按分部分项工程费中人工费的 10% 计取，全部为人工费。

五、施工用水电接通及拆除费应按实际发生计取，其人工单价拆除用工每工日 113 元，其他用工每工日 135 元。

措施项目费率表

序号	项目名称	取费基数	费率		人工费占比
			一般计税	简易计税	
1	安全文明施工费	分部分项工程费合计	4.11%	4.10%	16%
2	冬雨季施工增加费	人工费 + 机械费（分部分项工程项目 + 可计量的措施项目）	1.60%	1.72%	60%
3	非夜间施工照明费		0.13%	0.12%	10%
4	竣工验收存档资料编制费		0.20%	0.22%	—
5	施工难度增加措施费	人工费（分部分项工程项目 + 可计量的措施项目）	3.49%	3.49%	100%
6	在有害身体健康的环境中施工降效增加费		10.00%	10.00%	100%

附　　录

附录一　企业管理费、规费、利润和税金

一、企业管理费。

企业管理费是指施工企业组织施工生产和经营管理所需费用。包括:

1. 管理人员工资:是指按工资总额构成规定,支付给管理人员和后勤人员的各项费用。

2. 办公费:是指企业管理办公用的文具、纸张、账表、印刷、邮电、书报、办公软件、现场监控、会议、水电、烧水和集体取暖降温(包括现场临时宿舍取暖降温)、建筑工人实名制管理等费用。

3. 差旅交通费:是指职工因公出差、调动工作的差旅费、住勤补助费,市内交通费和误餐补助费,职工探亲路费,劳动力招募费,职工退休、退职一次性路费,工伤人员就医路费,工地转移费,以及管理部门使用的交通工具的油料、燃料及牌照费。

4. 固定资产使用费:是指管理和试验部门及附属生产单位使用的属于固定资产的房屋、设备、仪器等的折旧、大修、维修或租赁费。

5. 工具用具使用费:是指企业施工生产和管理使用的不属于固定资产的工具、器具、家具、交通工具和检验、试验、测绘、消防用具等的购置、维修和摊销费。

6. 劳动保险和职工福利费:是指由企业支付的职工退职金、按规定支付给离休干部的经费,集体福利费、夏季防暑降温、冬季取暖补贴、上下班交通补贴等。

7. 劳动保护费:是指企业按规定发放的劳动保护用品的支出,如工作服、手套、防暑降温饮料及在有碍身体健康的环境中施工的保健费用等。

8. 检验试验费:是指施工企业按照有关标准规定,对建筑以及材料、构件和建筑安装物进行一般鉴定、检查所发生的费用,包括自设试验室进行试验所耗用的材料等费用。不包括新结构、新材料的试验费,对构件做破坏性试验及其他特殊要求检验试验的费用和建设单位委托检测机构进行检测的费用,对此类检测发生的费用,由建设单位在工程建设其他费用中列支。但对施工企业提供的具有合格证明的材料进行检测不合格的,该检测费用由施工企业支付。

9. 工会经费:是指企业按《中华人民共和国工会法》规定的全部职工工资总额比例计提的工会经费。

10. 职工教育经费:是指按职工工资总额的规定比例计提,企业为职工进行专业技术和职业技能培训,专业技术人员继续教育、职工职业技能鉴定、职业资格认定、安全教育培训以及根据需要对职工进行各类文化教育所发生的费用。

11. 财产保险费:是指施工管理用财产、车辆等的保险费用。

12. 财务费:是指企业为施工生产筹集资金或提供预付款担保、履约担保、职工工资支付担保等所发生的各种费用。

13. 税金:是指企业按规定缴纳的城市维护建设税、教育附加、地方教育附加、房产税、车船使用税、土地使用税、印花税等。

14. 其他:包括技术转让费、技术开发费、工程定位复测费、投标费、业务招待费、绿化费、广告费、公证费、法律顾问费、审计费、咨询费、保险费等。

企业管理费以分部分项工程费及可计量措施项目费中人工费和机械费合计乘以相应费率计算,其中人工费、机械费为基期价格。企业管理费费率见下表。

企业管理费费率表

项目名称	计算基数	费率	
		一般计税	简易计税
管理费	基期人工费 + 基期机械费 （分部分项工程项目 + 可计量的措施项目）	23.25%	23.86%

二、规费。

规费是指按照国家法律、法规规定，政府和有关部门规定必须缴纳或计取的费用，包括：

1. 社会保险费：

（1）养老保险费：是指企业按照规定标准为职工缴纳的基本养老保险费。

（2）失业保险费：是指企业按照规定标准为职工缴纳的失业保险费。

（3）医疗保险费：是指企业按照规定标准为职工缴纳的基本医疗保险费。

（4）工伤保险费：是指企业按照规定标准为职工缴纳的工伤保险费。

（5）生育保险费：是指企业按照规定标准为职工缴纳的生育保险费。

2. 住房公积金：是指企业按规定标准为职工缴纳的住房公积金。

$$\text{规费} = \text{人工费合计} \times 37.64\%$$

三、利润。

利润是指施工企业完成所承包工程获得的盈利。

$$\text{利润} = \text{人工费合计} \times 27\%$$

其中：施工装备费率（取费基数与利润相同）按6% 计算。

四、税金。

税金是指国家税法规定的应计入安装工程造价内的增值税销项税额。税金按税前总价乘以相应税率或征收率计算。税率或征收率见下表。

税率或征收率表

项目名称	计算基数	税率或征收率	
		一般计税	简易计税
增值税销项税额	税前工程造价	9.00%	3.00%

五、企业管理费和规费的各项费用组成的划分比例如下，供施工企业内部核算参考。

1. 企业管理费。

企业管理费的各项费用组成的划分比例见下表。

企业管理费的各项费用组成的划分比例

序号	项目	比例	序号	项目	比例
1	管理人员工资	24.74%	9	工会经费	9.88%
2	办公费	10.78%	10	职工教育经费	10.88%
3	差旅交通费	2.95%	11	财产保险费	0.38%
4	固定资产使用费	4.26%	12	财务费	8.85%
5	工具用具使用费	0.88%	13	税金	8.52%
6	劳动保险和职工福利费	10.10%	14	其他	4.34%
7	劳动保护费	2.16%			
8	检验试验费	1.28%		合计	100.00%

2. 规费。

规费的各项费用组成的划分比例见下表。

规费的各项费用组成的划分比例

序号	项目		比例
1	社会保险费	养老保险	40.92%
		失业保险	1.28%
		医疗保险	25.58%
		工伤保险	2.81%
		生育保险	1.28%
2	住房公积金		28.13%
	合计		100.00%

附录二　工程价格计算程序

一、安装工程施工图预算计算程序。

安装工程施工图预算应按下表计算各项费用。

施工图预算计算程序表

序号	费用项目名称	计算方法
1	分部分项工程费合计	Σ（工程量 × 编制期预算基价）
2	其中：人工费	Σ（工程量 × 编制期预算基价中人工费）
3	措施项目费合计	Σ措施项目计价
4	其中：人工费	Σ措施项目计价中人工费
5	小计	（1）+（3）
6	其中：人工费小计	（2）+（4）
7	企业管理费	（基期人工费 + 基期机械费）× 管理费费率
8	规费	（6）× 37.64%
9	利润	（6）× 相应利润率
10	其中：施工装备费	（6）× 相应施工装备费费率
11	税金	[（5）+（7）+（8）+（9）] × 税率或征收率
12	含税造价	（5）+（7）+（8）+（9）+（11）

注：基期人工费 = Σ（工程量 × 基期预算基价中人工费），基期机械费 = Σ（工程量 × 基期预算基价中机械费）。

二、建筑安装工程费用项目组成（见下图）：

- 建筑安装工程费
  - 人工费
    - 1. 计时工资或计件工资
    - 2. 奖金
    - 3. 津贴、补贴
    - 4. 加班加点工资
    - 5. 特殊情况下支付的工资
    - 6. 生产工具用具使用费
  - 材料费
    - 1. 材料原价
    - 2. 运杂费
    - 3. 运输损耗费
    - 4. 采购及保管费
  - 施工机具使用费
    - 1. 施工机械使用费
      - ①折旧费
      - ②检修费
      - ③维护费
      - ④安拆费及场外运费
      - ⑤人工费
      - ⑥燃料动力费
      - ⑦税费
    - 2. 仪器仪表使用费
  - 企业管理费
    - 1. 管理人员工资
    - 2. 办公费
    - 3. 差旅交通费
    - 4. 固定资产使用费
    - 5. 工具用具使用费
    - 6. 劳动保险和职工福利费
    - 7. 劳动保护费
    - 8. 检验试验费
    - 9. 工会经费
    - 10. 职工教育经费
    - 11. 财产保险费
    - 12. 财务费
    - 13. 税金
    - 14. 其他
  - 利润
  - 规费
    - 1. 社会保险费
      - ①养老保险费
      - ②失业保险费
      - ③医疗保险费
      - ④工伤保险费
      - ⑤生育保险费
    - 2. 住房公积金
  - 税金（增值税销项税额）

建筑安装工程费用项目组成图

附录三　材 料 价 格

说　明

一、本附录的材料价格为不含税价格，是确定预算基价子目中材料费的基期价格。在编制工程计价文件时，应按编制期价格重新确定材料价格。

二、材料价格由材料采购价、运杂费、运输损耗费和采购及保管费组成。计算公式如下：

采购价为供应地点交货价格：

材料价格 =（采购价 + 运费）×（1+ 运输损耗率）×（1+ 采购及保管费费率）

采购价为施工现场交货价格：

材料价格 = 采购价 ×（1+ 采购及保管费费率）

三、运杂费是指供货地点运至工地仓库（或现场指定堆放地点）所发生的全部费用。运输损耗指材料在运输装卸过程中不可避免的损耗，材料损耗率见下表。

材料损耗率表

材料类别	损耗率
页岩标砖、空心砖、砂、水泥、陶粒、耐火土、水泥地面砖、白瓷砖、卫生洁具、玻璃灯罩	1.0%
机制瓦、脊瓦、水泥瓦	3.0%
石棉瓦、石子、黄土、耐火砖、玻璃、色石子、大理石板、水磨石板、混凝土管、缸瓦管	0.5%
砌块、白灰	1.5%

注：表中未列的材料类别不计损耗。

四、采购及保管费是指组织采购、供应和保管材料、工程设备的过程中所需要的各项费用。采购及保管费费率按 0.42% 计取。

五、附录中材料价格是编制期天津市建筑材料市场综合取定的施工现场交货价格，并考虑了采购及保管费。

六、采用简易计税方法计取增值税时，材料的含税价格按照税务部门有关规定计算，以“元”为单位的材料价格按系数 1.1086 调整。

材料价格表

序号	名称	规格	单位	单价（元）	附注
1	圆钢	（综合）	kg	3.88	
2	圆钢	D5.5~9.0	kg	3.90	
3	圆钢	D8~14	kg	3.91	
4	圆钢	D10~14	kg	3.93	
5	圆钢	D15~24	kg	3.89	
6	圆钢	D32 以外	kg	3.74	
7	扁钢	59mm 以内	kg	3.67	
8	扁钢	60mm 以外	kg	3.68	
9	角钢	50 × 5 以内	kg	3.75	
10	角钢	60mm	kg	3.72	
11	角钢	63mm 以内	kg	3.47	
12	槽钢	5#~16#	kg	3.59	
13	焊接钢管	DN15	kg	3.88	
14	焊接钢管	DN25	kg	3.85	
15	热轧厚钢板	δ8.0~20.0	kg	5.16	
16	热轧薄钢板	δ0.7~0.9	kg	3.73	
17	热轧薄钢板	δ1.0~1.5	kg	3.69	
18	铸铁		kg	2.58	
19	橡胶板	δ1~3	kg	11.26	
20	橡胶板	δ4~15	kg	10.83	
21	橡胶板	δ5~10	kg	10.66	

续表

序号	名称	规格	单位	单价（元）	附注
22	膨胀螺栓	M8	10 套	5.50	
23	膨胀螺栓	M12	套	1.75	
24	膨胀螺栓	M10	10 套	15.30	
25	砂轮片	（综合）	片	11.84	
26	尼龙砂轮片	*D*400	片	15.64	
27	尼龙砂轮片	*D*500 × 25 × 4	片	18.69	
28	铝焊丝	丝 301 *D*4.0	kg	47.38	
29	铝焊丝	丝 301 *D*3.0	kg	47.38	
30	铝焊粉		kg	41.32	
31	铝蝶形螺母	M12 以内	10 个	3.30	
32	铝垫圈		10 个	2.20	
33	铝带		kg	21.22	
34	铝板（各种规格）		kg	20.81	
35	六角螺栓带螺母	M6 ×（30~50）	10 套	1.73	
36	六角螺栓带螺母	M8 ×（30~50）	10 套	2.60	
37	六角螺栓带螺母	M8 × 75	10 套	6.10	
38	六角螺栓带螺母	M10 × 60	10 套	9.80	
39	六角螺栓带螺母	M10 ×（80~130）	10 套	10.40	
40	六角螺栓带螺母	M10 × 260	10 套	20.20	
41	六角螺栓带螺母	M12 × 55	套	0.98	
42	六角螺栓带螺母	M12 × 75	10 套	10.40	
43	六角螺栓带螺母	M14 × 75 以下	10 套	11.50	

续表

序号	名称	规格	单位	单价（元）	附注
44	六角螺栓带螺母	M16 × 80	套	4.15	
45	六角螺栓带螺母	M20 × 60	10 套	46.10	
46	六角螺栓带螺母	M20 ×（100~150）	10 套	35.50	
47	六角螺栓带螺母	M24 × 80	10 套	46.10	
48	六角螺栓带螺母	M24 × 120	10 套	64.90	
49	镀锌六角螺栓带螺母	M6 ×（16~25）	10 套	2.00	
50	镀锌六角螺栓带螺母	M8 ×（16~25）	套	0.30	
51	镀锌六角螺栓带螺母	M8 ×（30~60）	10 套	5.90	
52	镀锌六角螺栓带螺母	M16 ×（85~100）	套	3.10	
53	镀锌垫圈	M16	个	0.17	
54	镀锌垫圈	M10	个	0.09	
55	镀锌丝堵	*DN*50（堵头）	个	3.40	
56	镀锌木螺钉	*d*6 × 100	10 个	3.30	
57	镀锌铆钉	M4	kg	9.76	
58	镀锌角钢	60mm 以内	kg	4.59	
59	镀锌钢丝	*D*2.8~4.0	kg	6.91	
60	镀锌风管角码	δ0.8	个	0.91	
61	镀锌风管角码	δ1.0	个	1.14	
62	镀锌薄钢板	δ0.75	m^2	27.53	
63	镀锌薄钢板	δ1.0~1.5	kg	4.38	
64	乙炔气		kg	14.66	
65	氧气		m^3	2.88	

续表

序号	名称	规格	单位	单价(元)	附注
66	氩气		m^3	18.60	
67	木螺钉	M4×65 以下	10 个	0.90	
68	木螺钉	M6×100	10 个	2.20	
69	自攻螺钉	M4×12	10 个	0.60	
70	低碳钢焊条	J422 *D*3.2	kg	3.60	
71	低碳钢焊条	J422 *D*4.0	kg	6.73	
72	铸铁垫板		kg	4.35	
73	垫圈	M2~8	10 个	0.30	
74	垫圈	M10~20	10 个	1.40	
75	冲击钻头	*D*10~20	个	7.94	
76	闭孔乳胶海绵	$\delta5$	kg	29.00	
77	闭孔乳胶海绵	$\delta20$	m^2	29.32	
78	半圆头螺栓带螺母	M5×15	10 套	3.00	
79	半圆头螺钉	M4×6	10 套	0.90	
80	白布		m^2	10.34	
81	压力表	0~1.6MPa	块	48.67	
82	橡胶密封条		m	5.19	
83	洗涤剂		kg	4.80	
84	钍钨棒		kg	640.87	
85	铁砂布	$0^{\#}$~$2^{\#}$	张	1.15	
86	铁铆钉		kg	9.22	
87	碳钢气焊条	*D*2 以内	kg	15.58	

续表

序号	名称	规格	单位	单价（元）	附注
88	塑料胀塞		个	0.38	
89	石棉橡胶板	高压 δ1~6	kg	23.57	
90	石棉橡胶板	低中压 δ0.8~6.0	kg	20.02	
91	氢氧化钠（烧碱）		kg	7.24	
92	普通石棉布		kg	22.21	
93	耐酸橡胶板	δ3	kg	17.38	
94	棉纱		kg	16.11	
95	密封胶	KS 型	kg	15.12	
96	煤油		kg	7.49	
97	聚酯乙烯泡沫塑料		kg	10.96	
98	聚氯乙烯薄膜		kg	12.44	
99	黄干油		kg	15.77	
100	花篮螺栓	M6 × 120	个	5.35	
101	钢丝绳	D4.2	kg	6.67	
102	钢锯条		条	4.33	
103	酚醛塑料把手	BX32	个	1.41	
104	弹簧夹		个	1.73	
105	弹簧垫圈	M2~10	10 个	0.30	